Hartlieb Wild

100 Rezepte für Excel 5.0

Weitere Titel aus der Reihe „100 Rezepte für ..."

100 Rezepte für MS-DOS
von Bernd Kretschmer und Michael Gerding

100 Rezepte für Word 6.0
von Elke Kasimir

100 Rezepte für Excel 5.0
von Hartlieb Wild

100 Rezepte zu Microsoft Access
von Petra Aulmann und Anja Krüger

100 Rezepte für Paradox für Windows
von Herbert Huber und Heinz Holz

100 Rezepte für Turbo Pascal
von Erik Wischnewski

100 Rezepte für Borland Pascal
von Norbert Hoffmann

100 Grafikrezepte mit Turbo Pascal für Windows
von Norbert Hoffmann

Vieweg

Hartlieb Wild

100 Rezepte für Excel 5.0

Tips mit Pfiff für Einsteiger, Umsteiger und Fortgeschrittene

Das in diesem Buch enthaltene Programm-Material ist mit keiner Verpflichtung oder Garantie irgendeiner Art verbunden. Der Autor und der Verlag übernehmen infolgedessen keine Verantwortung und werden keine daraus folgende oder sonstige Haftung übernehmen, die auf irgendeine Art aus der Benutzung dieses Programm-Materials oder Teilen davon entsteht.

Ursprünglich erschienen bei Friedr. Vieweg & Sohn Verlagsgesellshaft mbH, Braunschweig/Wiesbaden, 1994

ISBN 978-3-528-05407-6 ISBN 978-3-663-11950-0 (eBook)
DOI 10.1007/978-3-663-11950-0

Liebe Leserin, lieber Leser ...

... es freut mich, daß Sie dieses Buch gekauft haben und damit meinem fachlichen Können und meiner langjährigen EDV-Erfahrung Vertrauen schenken. Dieses Buch ist ausdrücklich als Sammlung von „Kochrezepten" gestaltet, da es Handbücher und vertiefende Literatur mit Beispielen darin zur Genüge gibt. Die hier enthaltenen Anleitungen sind selber ausprobiert und so formuliert, daß genau der beschriebene Effekt erreicht wird, folgt man den einzelnen Schritten - ein Kochrezept eben.

Ziel ist es, daß Sie jederzeit eine leicht nachvollziehbare Leitlinie an der Hand haben. Außerdem sind die Anleitungen auch im Hinblick darauf gestaltet, daß sie als Kursunterlage verwendet werden können. Jeder Kursteilnehmer schätzt die Unterstützung danach, wenn ihm die mündlichen Erklärungen des Referenten nicht mehr genau in Erinnerung sind.

Was sich von selbst versteht, muß nicht erläutert werden. D.h. dieses Buch ist frei von unnützen Informationen. Beispielsweise werden selbsterklärende Funktionen nicht behandelt. Ohnehin besitzt jeder EXCEL-Anwender die originalen Handbücher. Meine Ausführungen sollen diese gezielt ergänzen.

Bitte machen Sie von der Antwortseite unten regen Gebrauch, wenn Sie Kritik und Vorschläge haben. Danke. Ich wünsche Ihnen einen hohen Nutzen aus meiner Kochrezeptsammlung sowie viel Spaß mit dem Werkzeug EXCEL!

Der Autor

... (* 1951) kam schon 1973 mit der Groß-EDV durch das „klassiche“ FORTRAN IV und ALGOL in Berührung. 1979 sollten PASCAL-Programme einen Commodore-PC dirigieren (doch oft genug führten sie den Autor an der Nase herum). Einige Jahre später ging es dann mit PL/I in die Tiefen der Groß-EDV und 1985 war der intensive Einstieg in die Welt der 8088er-PC's. Seit 1987 ist der Verfasser Lektor an zwei Institutionen für Erwachsenenbildung in Tirol (Berufs- und Wirtschafts-Förderungsinstitut) und lehrt dort Programmieren (am Beispiel dBASE). 1991 kamen Kurse über EXCEL 3 hinzu. Die derzeitige Tätigkeit liegt im Datenbankbereich und in der Projektdurchführung; gerichtlich beeideter Sachverständiger (Fachgebiete: Kleinrechenanlagen und Programmierung).

Anforderungen an die Leserinnen und Leser

Das Niveau der Erklärungen in den Rezepten liegt grob gesagt zwischen dem blutigen Anfänger und dem „sophisticated freak“. Daher geht es ganz ohne Minimalanforderungen leider nicht: **Vertrautheit** mit der Windows-Philosophie; **Übung** im Arbeiten mit irgendeinem Windows-Programm; **elementare Grundkenntnisse** über ein Kalkulationsprogramm oder Vorkenntnisse aus einer früheren EXCEL-Version; und schließlich ein **originales EXCEL** samt Handbüchern.

Leserantworten: Kommentare und Hinweise

Diese Seite ist Ihnen, liebe Leserin, lieber Leser, gewidmet. Ich bin Ihnen für Ihre Verbesserungsvorschläge und Kritik sehr dankbar: Ist alles gut erklärt? Haben Sie einen Mangel oder Fehler bemerkt? Und natürlich freut es mich zu lesen, was Ihnen besonders gefallen hat.

Schreiben Sie dies bitte unten auf, legen Sie ggf. eine Kopie jener Seite bei, auf die sich Ihre Äußerung bezieht und senden Sie alles an:

Hartlieb WILD, A-6073 SISTRANS 280, Tirol - Herzlichen Dank!

Inhalt

Inhalt (Fortsetzung)

Benennungen und Bezüge

Berechnungen mit EXCEL

Inhalt (Fortsetzung)

Fenster, An- und Einsichten

Funktionen

1 EXCEL - Startparameter

Beim Start von EXCEL soll die automatisch erscheinende Tabelle „TAB1.xls“ unterdrückt werden. Außerdem wollen Sie das voreingestellte Verzeichnis C:\EXCEL individuell verändern.

Klicken Sie das EXCEL-Symbol an, danach die Menuepunkte *DATEI - Eigenschaften* ... im Programm-Manager.

Soll das leere Rechenblatt nicht erscheinen, so ergänzen Sie den schon bestehenden Eintrag (C:\EXCEL\EXCEL.exe) in der Bearbeitungszeile, durch Leerzeichen getrennt, mit „**/E**“. Das beim Starten einzustellende Verzeichnis geben Sie ein mit: **/P <pfadangabe>** (z. B. „/P C:\“ für das Hauptverzeichnis auf der Platte C).

Klicken Sie beim Verlassen von Windows die Option *„Änderungen speichern“* an.

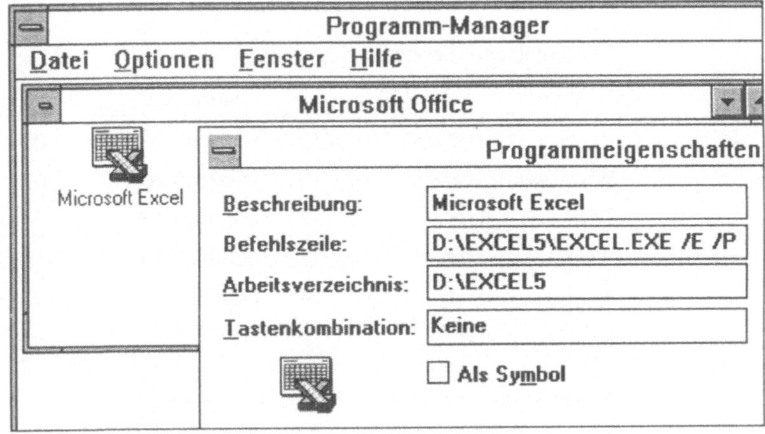

2 HOTLINE von MICROSOFT

Wenn Ihnen Arbeitskollegen, Service-Center, lokale Händler etc nicht mehr weiterhelfen können, dann steht Ihnen noch die kostenlose telephonische Unterstützung von Microsoft in München (für Österreich und die BRD) zur Verfügung.

Starten Sie EXCEL und stellen Sie die Problemsituation nach. Wenn sich das Problem telephonisch nicht klären läßt, so gibt Ihnen der/ die Hotline-MitarbeiterIn eine sog „Bearbeitungsnummer“ bekannt, unter der Sie - persönlich adressiert - Testausdrucke und weitere Erklärungen an MS München senden können. Die Angabe der eigenen FAX-Nummer oder die Beilage eines voll adressierten Antwortkuverts ist günstig. Das gesamte Hotline-Service funktioniert sehr gut, und die Hotline-Mitarbeiter sind hilfsbereit und freundlich. Sie erreichen das deutschsprachige Hotline-Service von Montag bis Freitag in der Zeit von 8:30 bis 12:30 und von 13:00 bis 17:00 Uhr.

Telephonischer Service:

Hotline	Deutschland	Österreich	Schweiz*
Excel	089/31 76-11 20	0660/65 11	01/342-40 82
Windows	089/31 76-11 10	0660/65 10	01/342-40 85
DOS	089/31 76-11 52	0660/65 17	01/342-21 52
Word	089/31 76-11 31	0660/65 13	01/342-40 87
APPLE	089/31 76-11 60	0660/65 18	01/342-40 81
Info-Service	089/31 76-11 99	0660/65 20	0049 89 2607 503

Reklamationsservice (alle Staaten): (0049) [0]89 3176 - 26 56

*) Pour tous les renseignements Microsoft **en français** / Fragen zur französischen Excel-Version: (CH) 022 / 738 96 88 (9:00h - 18:00h).

Technische Unterstützung für **Südtirol und Italien**: Tel: (39) (2) 26 90 13 51 (Anwendungen); Tel: (39) (2) 26 90 13 61 (EXCEL); Tel: (39) (2) 26 90 13 54 (Systeme).

Informationen zu allen Microsoft Produkten (**Infoband**, nur BRD): Tel: (BRD) / 089 / 3176 - 1040

Hinweise zur Benützung der Telephon-Hotline:

Wenn Sie anrufen, sollten Sie sich an Ihrem Computer befinden und die Dokumentation des entsprechenden Produkts zur Hand haben. Darüber hinaus sollten Sie folgende Informationen bereithalten:

- Die Nummer der eingesetzten Microsoft Excel-Version
- Die Art der verwendeten Hardware (gegebenenfalls auch die Netzwerk-Hardware)
- Das eingesetzte Betriebssystem
- Den genauen Wortlaut aller Bildschirm-Meldungen
- Die Umstände und Aktionen, die zu dem Problem geführt haben
- Wie Sie versucht haben, das Problem zu lösen

„System-Info", Informationen über Ihr System:

Mit dem Hilfsprogramm „System-Info" wird Ihr Computer untersucht und Informationen über Microsoft Excel sowie das Betriebssystem angezeigt (einschließlich Schriftarten, Drucker, Rechtschreibprüfung, Grafikfiltern, Textformatumwandlung, OLE-Anwendungen und Bildschirmanzeige). Diese Informationen können für den Servicetechniker nützlich sein, falls Sie den Software Service anrufen.

- Wählen Sie aus dem Menü *HILFE* den Befehl *Info*.
- Wählen Sie die Schaltfläche "*System-Info*".
- Wählen Sie im Feld "Kategorie" die gewünschte Art der Information.

Vom Dialogfeld *Microsoft Systeminformation* aus können Sie Informationen speichern und drucken sowie Programme ausführen.

Access Pack unterstützt Behinderte

Microsoft hat das Access Pack für Windows herausgebracht, das bewegungs- oder hörbehinderten Personen durch verschiedene Spezialhilfen einen besseren Zugang zum PC ermöglicht; so zB:

- Einfinger-Bedienung von Kombinationen mit Steuertasten;
- Unterdrückung zufälliger, auch wiederholter, Tastenanschläge und Steuerung der Wiederholungsrate bei Dauerdruck;
- Steuerung des Mauszeigers über die Tastatur;
- Maus- und Tastatureingaben über alternative Eingabegeräte;
- visuelle Anzeige von akustischen Signalen

Die Programmdatei ACCESS.EXE kann über diverse elektronische Services auf den eigenen PC heruntergeladen werden (siehe unten). Weitere Informationen sind entweder beim **Microsoft Download Service** (MSDL), USA, erhältlich, Tel.: (++1 206) 936 6735; oder bei den **Microsoft Product Support Services**, Tel.: (++1 206) 637 7098 oder Text-Tel.: (++1 206) 635 4948.

Sonstige elektronische Services

Die folgenden Serviceleistungen stehen Ihnen an allen Wochentagen, einschließlich Feiertagen, täglich 24 Stunden zur Verfügung

- Microsoft in **Btx**: aktuelle Produktinformationen, technische Informationen der MS-Spezialisten und aktuelle Hardwaretreiber
- Deutschsprachige Foren in **CompuServe**: Kontakt mit anderen Benutzern und MS-Servicetechnikern; MS Knowledge Base

Gehen Sie an einer **!**-Eingabeaufforderung folgendermaßen vor:

- go mseuro (deutschsprachige Microsoft-Foren)
- go mskb (MS Knowledge Base)

Unter der Rufnummer 0130-3732 in Deutschland (Schweiz: 155-3179, Österreich: 0660-8750) erhalten Sie Informationen zu der CompuServe-Mitgliedschaft.

EXCEL wird zunehmend für unabhängige Software-Hersteller interessant. Sie finden Beschreibungen und Firmenadressen von **Add On-Makros** in einem eigenen Katalog zusammengefaßt, den Sie über das Microsoft Info-Service erhalten (Telephon siehe oben).

3 Analyse: einen Zellinhalt aufteilen

Eine Zelle(ngruppe) in Ihrer Tabelle enthält eine Zeichenkette (ohne EXCEL-gerechte Trenn- und Steuerzeichen, z. B. nach dem Herunterladen von einem anderen Rechner), die Sie in bestimmter Weise auf mehrere andere Zellen aufteilen wollen.

EXCEL hält eine Funktion bereit, mit der Sie die Zeichenkette portionieren und auch Teile davon auslassen können. Laden Sie die Tabelle mit den aufzuteilenden Daten, markieren Sie die gefüllten Zellen und wählen Sie *DATEN - Text in Spalten* ... . EXCEL ruft daraufhin den Text-Assistenten auf, der Sie in drei Schritten zum Ergebnis führt: Im ersten Schritt ist anzugeben, ob der Quelltext anhand bestimmter Zeichen (dynamisch) oder fixer Längen (statisch) zu trennen ist. Im zweiten Schritt lassen sich das oder die Trennzeichen oder die einzelnen Längen festlegen und die Angaben im dritten Schritt steuern das gewünschte Format des Ergebnisses pro Spalte und wo es abgelegt werden soll. - Das Beispiel unten zeigt die Möglichkeiten:

	A	B	C	D	E	F	G
1	Dieser Inhalt ist aufzuteilen	Dieser	Inhalt	ist	aufzuteilen		
2	123456 789012 345 67890123456	123456	789012	345	6,789E+10		
3	12345678901234567890123456	12345	67890	12.03.1945	67890	6	
4	Dieser Inhalt ist aufzuteilen	D	eser Inhalt	st aufzute	len		
5	Dieser Inhalt ist aufzuteilen	Diese	r Inh	alt i	st au	fzute	ilen

Der Text in den Zellen A1 und A2 hat Leerzeichen, anhand denen er auf die Zellen rechts daneben aufgeteilt wurde. Ziffernfolgen werden bei der Aufteilung im Standard-Format als numerische Werte interpretiert. Für den Inhalt der Zellen A3 und A5 war als Datentyp „feste Breite" und die Teilung in Fünfergruppen vorgegeben. Die so aus dem Inhalt von A3 entstehenden Zahlengruppen wurden als „Standard" (Zelle B3), „Text" (C3) und „Datum" (D3) interpretiert. Zwischen „67890" in E3 und „6" in F3 fehlen fünf Ziffern; sie wurden durch die Option „Spalten nicht importiern (überspringen)" ausgeblendet. Der Inhalt in Zelle A4 wurde dynamisch anhand eines willkürlich gewählten Zeichens (hier das „i") aufgeteilt.

Das Aufteilen des Zellinhalts ist nur innerhalb einer Tabelle möglich. Sie erfolgt ohne inhaltliche Prüfung. Das im Schritt zwei für die dynamische Aufteilung angegebene Zeichen fällt in den Ergebniszellen weg (siehe Zeile 4).

4 Die verschiedenen Ansichten einer Tabelle

Mit EXCEL haben Sie viele Möglichkeiten, eine Tabelle darzustellen sowie sich gezielt Tabellenteile anzeigen zu lassen. Für wiederkehrende Arbeiten sollen die Einstellungen gespeichert bleiben, die Ihnen die Arbeit erleichtern und Informationen sofort anzeigen.

Stellen Sie von der aktiven Tabelle die gewünschte Sicht her und wählen Sie *ANSICHTEN - Ansichten Manager* ... . Beim allerersten Aufruf dieser Funktion muß EXCEL das Zusatzmakro erst laden (add-in „ANSICHT.xla" im Verzeichnis \EXCEL\MAKRO). Wenn für die voliegende Tabelle noch keine Ansicht definiert wurde, sind nur die Funktionen „Schließen", „Hinzufügen" und „Hilfe" zugänglich.

Wählen Sie „*Hinzufügen*", und tragen Sie im darauf folgenden Dialogfenster „Ansicht hinzufügen" einen beliebigen Namen für die zu speichernde Ansicht ein. Nun ist diese Ansicht mit allen Ausprägungen festgehalten (z. B. verschiedene Druckeinstellungen, ausgeblendete Zeilen und Spalten, Anzeigeeinstellungen, ausgewählte Zellen, Fenstergrößen usw.). Sie läßt sich beliebig aufrufen, ohne daß dafür eine Datei gesondert erzeugt werden mußte.

Aufrufen der Ansicht: Wählen Sie *ANSICHTEN - Ansichten Manager* ... und klicken Sie im Dialogfenster „Ansichten" den gewünschten Namen an.

Für jede der Tabellen in einer Arbeitsmappe können voneinander unabhängig unterschiedliche Ansichten definiert werden.

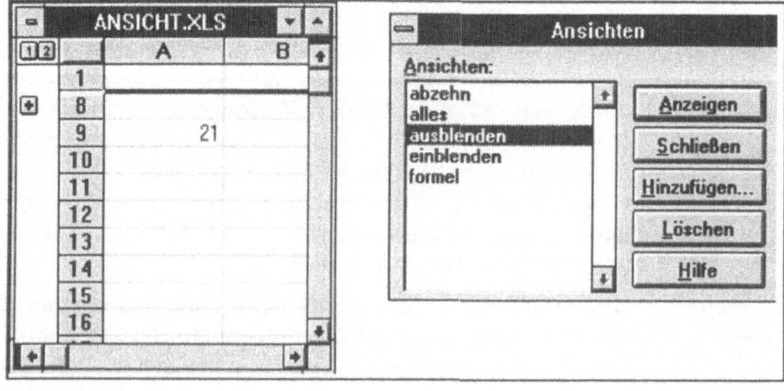

5 Die Arbeitsmappe

Mit der Version 5 gibt es keinen Unterschied zwischen einem einzelnen Rechenblatt und einer Arbeitsmappe mehr; die Gestaltung der Mappe läßt sich frei einrichten.

Die neue Mappe

Durch Anklicken des in der Standard-Symbolleiste ganz links gezeigten Symbols (entspricht den Menuebefehlen *DATEI - Neu* ...) erhalten Sie eine neue Arbeitsmappe. Sie umfaßt in der Standardeinstellung 16 Tabellenblätter. Diese Voreinstellung können Sie ändern; wählen Sie *EXTRAS - Optionen - Allgemein* und geben Sie (links im Dialogfeld) die gewünschte Anzahl unter „Blätter in Arbeitsmappe" ein, z.B. 5; der Höchstwert ist 255.

Blätter in Arbeitsmappe:
5

Blätter umbenennen, hinzufügen, ihre Reihenfolge ändern und löschen

Am unteren Rand der Arbeitsmappe zeigt das Blattregister die Namen der einzelnen Blätter (Standardname: „Tabelle1" usw). Links daneben sind die vier Registerlaufpfeile, mit denen Sie das Blattregister waagrecht rollen können. Bewegen Sie sich so zum umzubenennenden Blatt und klicken Sie zweimal auf den Blattnamen (entspricht: *FORMAT - Blatt - Umbenennen*). Es erscheint das unten gezeigte Dialogfeld „Blatt umbenennen", in dem Sie den gewünschten neuen Namen eintragen können. Die Eingabe nimmt bis zu 31 Zeichen (auch Leerzeichen und die meisten Sonderzeichen) an.

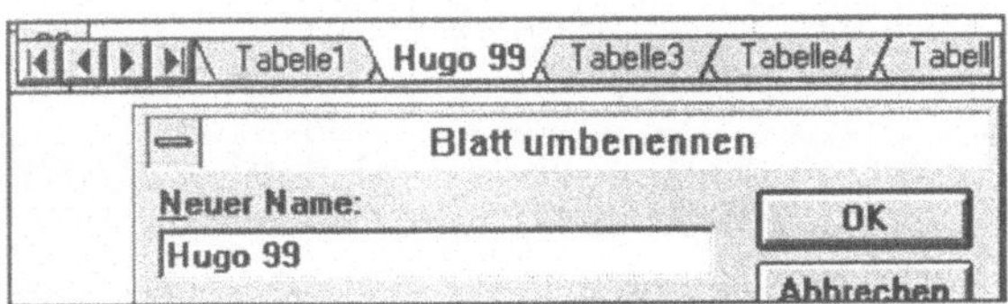

Sie können jederzeit **neue Blätter** an beliebigen Stellen hinzufügen. Blättern Sie sich zu dem Blatt, vor dem Sie einfügen wollen, und wählen Sie *EINFÜGEN - Tabelle* (schneller mit der Tastenkombination ⇧+F11). Statt einer Tabelle können Sie auch Diagramm- oder Makrovorlageblätter einfügen.

Die Blätter der Arbeitsmappe lassen sich frei **reihen**. Wählen Sie das umzureihende Blatt an. Mit *BEARBEITEN - Blatt verschieben / kopieren* gelangen Sie in das Dialogfenster „Blatt verschieben / kopieren" (siehe Bild unten), wo Sie im Auswahlkästchen „Einfügen vor" die neue Position bestimmen können. Wenn Sie zudem die Option „**Kopieren**" angekreuzt haben, wird ein neues Blatt mit gleichem Inhalt in die Mappe eingefügt. Der Blattname bleibt dabei gleich, erhält zur Unterscheidung ein „(2)" angehängt.

Löschen Sie überflüssige Blätter mit *BEARBEITEN - Blatt löschen*. Diese Aktion läßt sich nicht mehr rückgängig machen, daher müssen Sie die diesbezügliche Rückfrage von EXCEL bestätigen. Wenn Sie mit der **rechten Maustaste** auf die Registerleiste am Rand unten links klicken, dann erhalten Sie das rechts gezeigte Kontextmenü.

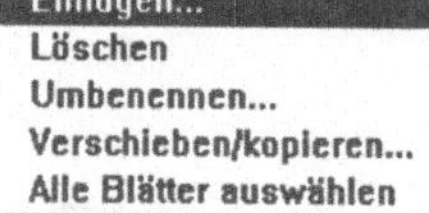

Blätter von einer anderen Mappe übernehmen

Laden Sie Quell- und Zielmappe und klicken Sie in der Quellmappe (im Beispiel unten „ANEUMAPP.xls") das zu übertragende oder kopierende Blatt (unten „neu 01") an. Rufen Sie mit *BEARBEITEN - Blatt verschieben / kopieren* das Dialogfenster „Blatt verschieben / kopieren" auf. Wählen Sie im Eingabefeld „Zur Mappe" die Zielmappe (hier: „AMAPPE.xls") und darunter die gewünschte Position in der Zielmappe aus. Das Bild unten zeigt diese Situation noch vor dem Bestätigen mit *OK*. Kreuzen Sie die Option „Kopieren" nicht an (Standardeinstellung), dann wird das Rechenblatt (unten: „neu 01") in die Zielmappe verschoben.

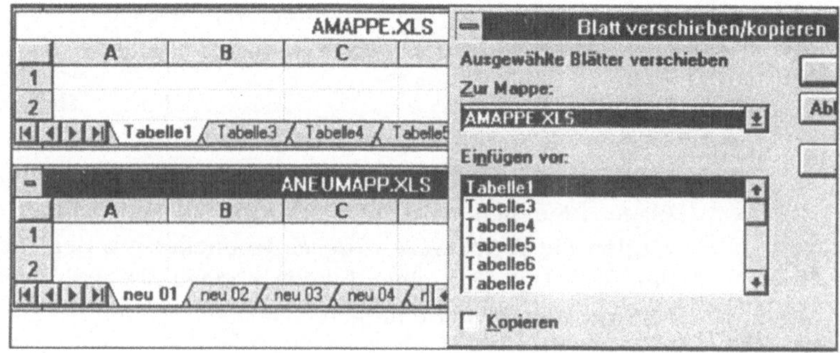

Organisatorische Hilfen: Gruppieren, Ausblenden, mehrere Fenster

Sie können mehrere Blätter einer Arbeitsmappe zeitweilig zu einer Bearbeitungsgruppe zusammenfassen. Dadurch werden Ihre Eingaben in ein Blatt dieser Gruppe automatisch auf die übrigen übertragen. Wählen Sie dazu das erste Blatt an, halten Sie die Strg-Taste gedrückt, und klicken Sie in beliebiger Folge auf die übrigen Blattnamen im Blattregister; Ändern oder Aufheben der Gruppierung erfolgt gleich.

Mit *FORMAT - Blatt - Ausblenden* erreichen Sie, daß einzelne Blätter dem direkten Zugriff über das Blattregister entzogen werden, ohne daß das Blatt gelöscht oder ausgelagert werden muß (Einblenden analog).

Beim Standardaufruf einer Arbeitsmappe erscheint nur ein Fenster, und es ist nur ein Blatt sichtbar. Die Ansicht des Mappeninhalts in **mehreren Fenstern** erhalten Sie durch die Menübefehle *FENSTER - neues Fenster.* Es erscheint daraufhin ein weiteres Fenster mit einem über das Blattregister frei wählbaren Inhalt. In einem zweiten Schritt können Sie sich die Fenster automatisch anordnen lassen: *FENSTER - Anordnen ...* ; diese Anweisung ist durch ein Optionskästchen auch auf die „Fenster der aktiven Arbeitsmappe" einschränkbar.

Der Arbeitsbereich

Mehrere Arbeitsmappen und ihre Einstellungen lassen sich als Arbeitsbereich gemeinsam speichern (*DATEI - Arbeitsbereich speichern ...*)

Kopf- und Fußzeilen

Sie können jedes Blatt der Mappe unabhängig formatieren. Wenn Sie jedoch gleiche Kopf- und Fußzeilen mit einer Eingabe festlegen wollen, dann markieren Sie vorher alle Blätter auf der Registerleiste („Gruppe").

Sie können **Tabellen aus EXCEL 3 oder 4** wie oben beschrieben in eine Arbeitsmappe von EXCEL 5 einfügen. - Wenn Sie Speicherplatz sparen müssen, so löschen Sie die nicht benötigten leeren Blätter aus der Arbeitsmappe. Eine Mappe mit einer (leeren) Tabelle benötigt ca 7.700 Bytes, eine mit 255 leeren belegt ca 77.000 Bytes.

Sie haben eine Arbeitsmappe mit mehreren Blättern erstellt und möchten gezielt ein oder mehrere Blätter, auch in verschiedenen Formaten, drucken.

Markieren Sie im Blattregister der Arbeitsmappe (im Rahmen unten links) das zu druckende Blatt durch Anklicken, mehrere Blätter wie eine Mehrfachauswahl von Zellen durch gleichzeitiges Drücken der Taste [Strg]. Der Name eines angewählten Blattes steht jeweils auf hellem Hintergrund (im Bild unten das erste, dritte und letzte Blatt). Anschließend wählen Sie *DATEI - Drucken* .... Wenn Sie sich über das Ergebnis nicht ganz sicher sind, sollten Sie sich zuvor die zu erwartende Druckausgabe am Bildschirm anzeigen lassen (*DATEI - Seitenansicht*).

Liste 02 | neu 03 | Tabelle 04 | neu 06 | **Rechenblatt 7**

Sie können jedes Blatt unabhängig von den anderen formatieren, also auch Hoch- und Querformat mischen. Alle Formatierungen tragen Sie im Dialogfenster „Seite einrichten“, das aus vier Dialogkarten besteht, ein (Bild unten).

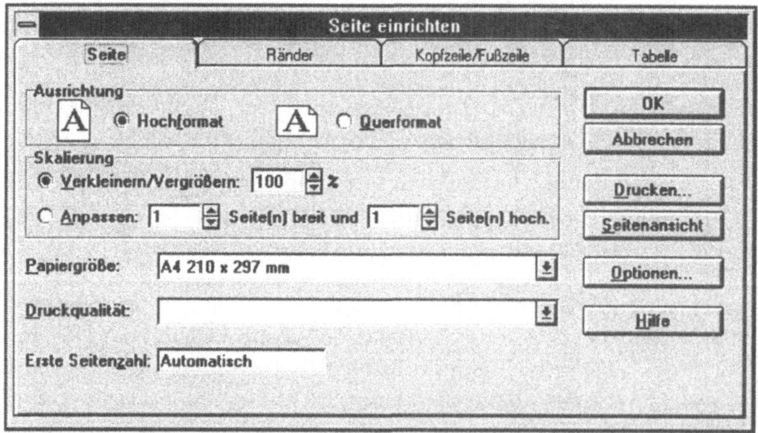

Sofern es Ihr Drucker und dessen Ansteuerung (Druckertreiber) zulassen, steht Ihnen im Kästchen „Skalierung“ noch die Möglichkeit einer stufenlosen Verkleinerung oder Vergrößerung zur Verfügung, wodurch Sie entsprechend mehr oder weniger an Tabelleninhalt auf das Papier bekommen.

7 Ausrichten des Zelleninhalts

Sie möchten einen längeren Text, als es die aktuelle Breite zuläßt, in eine Zelle aufnehmen, jedoch soll die Breite der Spalte unverändert bleiben.

Markieren Sie die zu formatierende(n) Zelle(n) und wählen Sie im Menü *FORMAT - Zellen - Ausrichtung ...* . Im Dialogfenster „Zellen formatieren" klicken Sie die Lasche „Ausrichtung" an. Auf dieser Dialogkarte erscheint unten die Option *„Zeilenumbruch"* (anklicken). Nun ist die gesamte Zeile der formatierten Zelle(n) entsprechend höher und die Schrift dieser Zelle(n) untereinander. Allerdings kann die Worttrennung unpassend sein. Sie können in die Wörter passende Trennstriche („-") einfügen oder einen Zeilenumbruch mit [Alt] + [↵] erzwingen.

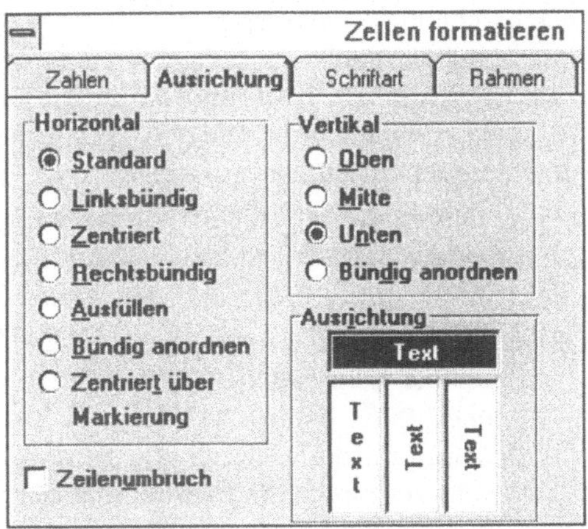

Es besteht zusätzlich die Möglichkeit, Text über mehrere Spalten hinweg zu zentrieren: Aktivieren Sie die Symbolleiste Standard (mit: *OPTIONEN - Symbolleisten ... - Format - Einblenden*). Markieren Sie die Zellen, die der Text überspannen soll, und wählen Sie den Funktionsknopf mit dem „a" [„Zentrieren über Spalten"].

Ein- / Ausblenden von Zeilen und Spalten

Einzelne Zeilen oder Spalten einer Tabelle sollen nur fallweise gezeigt werden, jedoch beim Ausdrucken verborgen bleiben, weil sie z. B. Zwischenergebnisse enthalten. Sie wollen oder können jedoch die Gliederungsfunktion nicht anwenden.

Markieren Sie die Zeile (oder Spalte), und wählen Sie *FORMAT - Zeilen* (oder *Spalten*) - *Ausblenden*. Tastenkombination für das Ausblenden von Spalten: [Strg] + [8]; Einblenden: [Strg] + [⇧] + [8].

Die Zeile / Spalte wird ausgeblendet, <u>ohne</u> daß sich am Inhalt etwas ändert. In der Zeilen-/ Spaltenkopfleiste deutet ein dickerer waagrechter / senkrechter Strich auf die Stelle der ausgeblendeten Zeile / Spalte hin. Im Bild sind die Spalten B bis F und die Zeilen drei bis acht ausgeblendet. Es stehen Ihnen drei Wege offen, um ausgeblendete Zeilen / Spalten wieder sichtbar zu machen:

(1) Markieren Sie die Zeilen / Spalten von vor bis nach der ausgeblendeten Zeile / Spalte; wählen Sie *FORMAT - Zeilen* (oder *Spalten*) - *Einblenden* oder auch: *optimale Höhe / Breite.*

(2) Führen Sie den Cursor an der <u>Zeilen</u>kopfleiste entlang, etwas unter die Zeile auf den dicken Strich, bis er seine Form ändert (siehe Bild unten). Klicken Sie dann diese Position auf der Zeilenkopfleiste doppelt an. Die vorhin verborgenen Zeilen öffnen sich.

(3) Sollen <u>alle</u> verborgenen Zeilen / Spalten wieder geöffnet werden, so markieren Sie das gesamte Rechenblatt durch Anklicken des Funktionsknopfes am Schnittpunkt der Zeilen- und Spaltenkopfleiste und fahren dann fort wie unter (1).

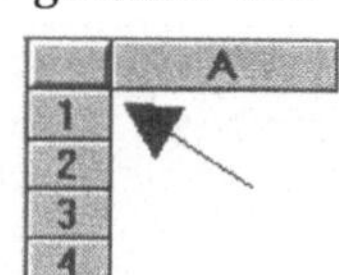

9 Die Formate übertragen

Sie haben in Ihrem Rechenblatt bereits einige Formatierungen vorgenommen und möchten die eine oder andere direkt auf eine(n) andere(n) Zelle(nbereich) übertragen, ohne den Umweg über das Menü „Zellen formatieren“ gehen zu müssen.

EXCEL bietet Ihnen beim Kopieren die Möglichkeit, nicht nur eine ganze Zelle samt allen Attributen, sondern auch gezielt einzelne Schichten zu kopieren; darunter auch die Formatierung einer Zelle. Markieren Sie die Zelle(n) mit dem zu übertragenden Formatierungen und kopieren Sie sie wie gewohnt in die Zwischenablage (z.B. mit *BEARBEITEN - Kopieren*). Nun markieren Sie die Zielzelle(n), auf die Sie die Formatierung übertragen wollen, und können nun mit *BEARBEITEN - Inhalte einfügen* ... im gleichnamigen Dialogfenster (Bild rechts) die Option „Formate“ anwählen und mit *„OK“* bestätigen. Dadurch übertragen Sie nur eine Schicht aus der Menge der Informationen aus einer Zelle (siehe dazu auch die Graphik im Anhang: „Was alles hinter einer Zelle steckt ...“).

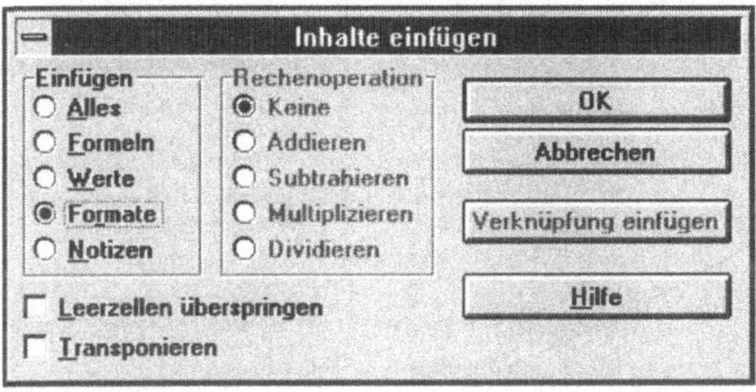

Neu in der Version 5 ist ein Symbol in der Standard-Symbolleiste (Bild rechts), das den Weg durch die Menüs abkürzt: Markieren Sie die Quellzelle(n), klicken Sie auf das Symbol „Formate übertragen“; der Cursor zeigt nun rechts neben dem Kreuz einen Pinsel. Markieren Sie damit die Zielzellen. Wenn Sie die linke Maustaste auslassen, werden die Formatierungen übertragen. Sie formatieren sozusagen mit dem Pinsel: Eintauchen und auftragen.

Wenn Sie z. B. mit MS WORD arbeiten, dann kennen Sie die Möglichkeit, sich individuelle Formatierungen von Text, Überschriften, Fußnoten usw. zurechtzulegen. Dies erspart das wiederholte Formatieren einzelner, gleichartiger Textpassagen.

Dieselbe Möglichkeit bietet auch EXCEL. Der Unterschied zu WORD ist jedoch, daß in der Textverarbeitung eine Vorlage (in den früheren Versionen: „Druckformatvorlage“) für beliebig viele Texte erstellt wird, während EXCEL für jede Arbeitsmappe eigene Formatvorlagen benötigt. Derzeit lassen sich durch ein Format sechs Eigenschaften vordefinieren: Zahlenformat, Schriftart, Ausrichtung, Rahmenart, Muster und Zellschutz.

Wählen Sie *FORMAT* - *Formatvorlage* ... und das Dialogfenster „Formatvorlage“ öffnet den Zugang zu den einzelnen namentlich definierten Vorlagen.

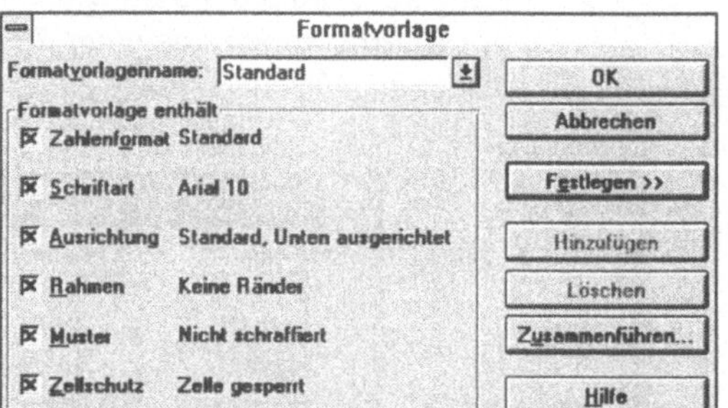

Durch die Schaltfläche „Festlegen“ gelangen Sie weiter zum Dialogfenster „Zellen formatieren“, in dem sich die oben angeführten Detaileigenschaften anhand von sechs Dialogkarten einstellen lassen. Der Formatvorlagenname ist frei wählbar. - Die Funktion „Zusammenführen“ ermöglicht ein Übernehmen von Formatvorlagen aus einer anderen Arbeitsmappe.

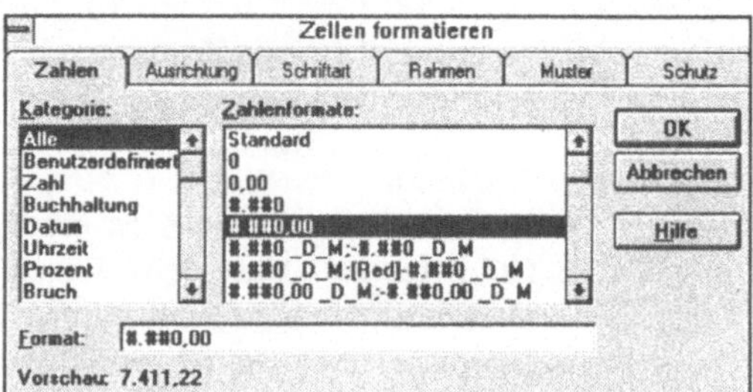

Generelle Wirkung: Wird auf eine Zelle(ngruppe) ein Format angewandt, so überträgt EXCEL nur jene Eigenschaften und deren Ausprägungen, die im Format ausdrücklich definiert sind. Alle übrigen Formatierungen in der betroffenen Zelle(ngruppe) bleiben davon unberührt!

Im Gegensatz zur Version 4 enthält die **Standard-Symbolleiste** in ihrer Grundeinstellung nicht mehr die herunterklappbare Auswahl der verfügbaren Formatvorlagen. Sie können aber rascher arbeiten, wenn Sie sich die Formatierung der aktuellen Zelle mit einem Blick ansehen. - Daher folgender **Tip**: Wählen Sie *ANSICHT - Symbolleisten ...* (oder klicken Sie mit der rechten Maustaste auf die graue Fläche in der Symbolleiste) und rufen Sie den Menüpunkt „Benutzerdefiniert“ auf. Entfernen Sie nun das Eingabefeld für Zoom (rechts, es enthält z.B. (generell) den Wert „100%“) sowie das Symbol für den Funktions-Assistenten (*fx*) neben dem Summensymbol. Die Zoom-Funktion erreichen Sie fallweise auch über *ANSICHT - Zoom ...* und das Symbol für den Funktionsassistenten erscheint automatisch, wenn Sie etwas in eine Zelle eingeben.

Damit haben Sie nun auf der Standard-Symbolleiste Platz für das Symbol „FORMATVORLAGE“ (siehe rechts), das Sie im Dialogfeld „Benutzerdefiniert“ unter „Format“ finden. Ziehen Sie es (anklicken und linke Maustaste gedrückt halten) direkt auf die Standard-Symbolleiste.

Bei der Installation von EXCEL sind bereits sechs Formate vordefiniert: Standard (Voreinstellung), Währung, Währung0, Dezimal, Dezimal0 und Prozent.

11 Eine Formatvorlage definieren

Das Standardangebot an Formatierungen reicht für Ihre Zwecke nicht aus, und Sie möchten sich eine Formatvorlage frei nach eigenen Vorstellungen definieren.

Wählen Sie aus dem Menü *FORMAT - Formatvorlage* ... und gehen Sie zur Vorlage „Standard“ oder zu jener, die Ihrem Wunsch am ähnlichsten ist, und ändern Sie sie durch Hinzufügen oder Entfernen einzelner Eigenschaften.

Geben Sie der neuen Formatvorlage einen sprechenden Namen („Formatvorlagenname“). Gleichzeitig mit dieser Eingabe wird der Funktionsknopf *„Hinzufügen“* aktiv. Erst durch Hinzufügen wird diese Änderung gespeichert!

Entfernen Sie unerwünschte Ausprägungen einfach durch Anklicken der Eigenschaft im Rahmen „Formatvorlage enthält“ (das Kästchen ist nicht mehr angekreuzt!).

Wollen Sie hingegen eine Formatierung konkret rückgängig machen (z. B. Aufheben einer Schraffur), so müssen Sie dies ausdrücklich neu definieren (z. B. in *Muster - Schraffur - keine*).

EXCEL merkt sich die letzte Ausprägung jeder Eigenschaft, auch wenn sie entfernt wurde.

Vorsicht: Wenn Sie zu viele Vorlagen verwenden, so kann es rasch unübersichtlich werden. Hier gilt: weniger ist mehr. Ebenso sollten Sie nur eine Schriftart und wenige Ausprägungen verwenden, um ein ruhiges Schriftbild zu erreichen.

12 Eine Formatvorlage übernehmen

Sie möchten eine neue Formatvorlage definieren und dabei ein bestehendes Beispiel als Vorbild nutzen oder eine bereits definierte Vorlage von einer anderen EXCEL-Datei übernehmen.

(1) **Übernahme aus einem Beispiel**: Formatieren Sie eine Zelle(ngruppe) wie gewünscht und wählen Sie *FORMAT - Formatvorlage* .... Geben Sie den neuen Vorlagennamen in das Feld „Formatvorlagenname" ein. Im Rahmen „Formatvorlage enthält" übernimmt EXCEL die Formatierung. Sie können weitere Formatierungen vornehmen. Klicken Sie abschließend auf die Schaltfläche *Hinzufügen*.

(2) **Übernahme aus einer anderen EXCEL-Arbeitsmappe**: Laden Sie die Quell- und Zielmappe (= aktuelle Mappe). Wählen Sie dann *FORMAT - Formatvorlage* ... und klicken Sie auf die Schaltfläche *Zusammenführen*. Es erscheint das Auswahlfenster „Formatvorlagen zusammenführen" mit der/den geladenen Quellmappe(n). Klicken Sie die Quelle an.

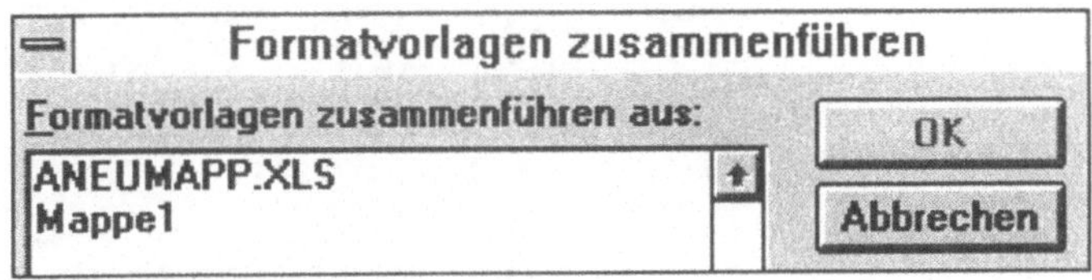

Sind in der Zielmappe bereits gleichnamige Formatvorlagen vorhanden, so fragt EXCEL (nur einmal) **„Formatvorlagen mit gleichen Namen zusammenführen? - Ja - Nein - Abbrechen"**. *JA* überschreibt die Vorlagen der Zielmappe; *NEIN* übernimmt nur die ungleichnamigen.

Sie können für die Übernahme einzelne Vorlagen nicht auswählen! Wenn Sie dies dennoch möchten, so müssen Sie sich einer Zwischentabelle bedienen, die Sie zuerst von allen Vorlagen „ausgeräumt" (Löschen) haben. Übernehmen Sie dann die Druckformatvorlagen der Quellmappe pauschal, löschen Sie neuerlich das nicht Erwünschte und kopieren Sie jetzt den Rest in die Zielmappe.

Wichtig: Jede Veränderung von Vorlagendefinitionen durch eine Übernahme wirkt sich sofort auf alle damit formatierten Zellen aus.

13 Eine Formatvorlage verändern

Sie möchten eine vorhandene Formatvorlage verändern, die Änderung abspeichern und die Vorlage auf die Zellen Ihres Rechenblattes anwenden.

Wählen Sie *FORMAT - Formatvorlage ....* Im Auswahlfeld „Formatvorlagenname" des Dialogfensters erscheint ein Formatierungsname, z.B. „Standard", und im Kasten „Formatvorlage enthält" die Einstellung dazu. Die anderen Formatvorlagen werden zugänglich, wenn Sie auf den Pfeil neben dem Auswahlfeld „Formatvorlagenname" klicken und dadurch das Auswahlfenster öffnen.

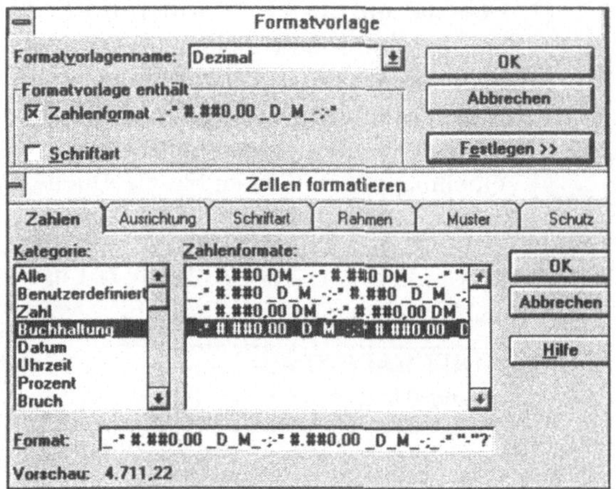

Zum Verändern der Formatvorlage klicken Sie auf die Schaltfläche „*Festlegen* >>". Es erscheint als nächstes das Dialogfenster „Zellen formatieren" mit sechs Formatierungsmöglichkeiten: Zahlen, Ausrichtung, Schriftart, Rahmen, Muster und Schutz.

Wenden Sie die Vorlage an, indem Sie die zu formatierende(n) Zelle(ngruppe) markieren und die gewünschte Druckformatvorlage über den Namen auswählen. EXCEL führt die Formatierung sofort durch.

Jede nachträgliche Veränderung der Vorlagendefinition wirkt sich sofort auf alle damit formatierten Zellen in der gesamten EXCEL-Tabelle aus.

14 Gliedern (Gruppieren) einer Tabelle

Eine Tabelle enthält Zeilen mit Detailwerten sowie deren Zwischen- und Hauptsummen. Um die Übersicht zu erleichtern, sollen die Detailwerte und einzelne Zwischensummen sowohl auf dem Bildschirm als auch auf dem Ausdruck in freier Wahl angezeigt oder ausgeblendet werden.

Das Gruppieren erlaubt ein hierarchisches Strukturieren Ihrer Daten; insgesamt sind acht Stufen möglich (zeilen- wie spaltenweise). Markieren Sie jene Detailzeilen / -spalten Ihrer Tabelle, die gemeinsam hinuntergestuft werden sollen, und wählen Sie *DATEN - Gliederung ...* . Weiteres Gruppieren innerhalb einer Gruppe erfolgt gleichermaßen. Links neben den Zeilenköpfen (über den Spaltenköpfen) zeigt eine Graphik die hierarchische Zuordnung der Zeilen (Spalten). Klicken Sie auf das [+] oder [-], um eine Gruppe (samt Untergruppen); oder auf eine der Ziffern ([1], [2] oder [3]), um alle Gruppen der gleichen Stufe ein- oder auszublenden.

1 2 3		A	B	C
	1	Text	Werte	
·	2	Detail 1	100	
·	3	Detail 2	200	
-	4	**SUMME**	**300**	=SUM(B2:B3)
+	8	**SUMME**	**1200**	=SUM(B5:B7)
-	9	*TOTAL*	*1500*	=SUM(B4:B8)

In der Symbolleiste „Pivot-Tabelle und Gliedern" finden Sie die Funktionsknöpfe für das Gliedern (die beiden Pfeile) sowie das Ein- und Ausblenden der Gruppen (Details). Markieren Sie die jeweiligen Zellen, und klicken Sie auf das entsprechende Symbol. Die scheinbar lückenhafte Zeilen-(Spalten-) Numerierung deutet auf ausgeblendete Zeilen / Spalten hin.

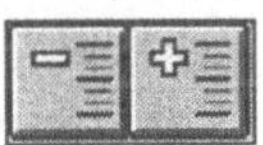

Vergleichen Sie das Ergebnis auch in der *Seitenansicht* (Menü *DATEI*). Sie falten damit - bildlich - die Tabelle in Höhe, Breite oder gemischt beliebig schuppenförmig zusammen oder ziehen sie wieder auseinander. Sie können die Hinabstufungen jederzeit durch Heraufstufen (Pfeil nach links) einzelner Zeilen oder der gesamten Tabelle wieder aufheben. Dabei ist nicht erforderlich, daß Sie vor dem Heraufstufen alle Zeilen wieder sichtbar machen.

Das Ausblenden einer Gruppe von Zellen wirkt sich auch in der Darstellung im Diagramm aus: Der Knick in der Geraden im Bild unten entstand durch Ausblenden der Zellen A17 bis A19, die die Werte 4, 5 und 6 enthalten. Die Funktion „SERIES()“ heißt in der deutschen Version „DATENREIHE()“.

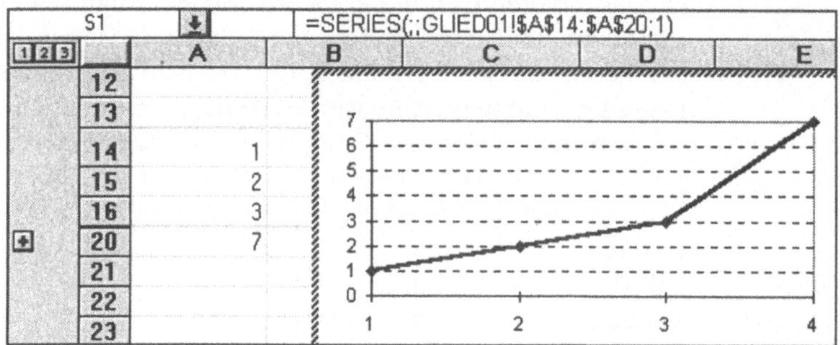

Dem Vorrat an Funktionssymbolen können Sie unter *BENUTZER-DEFINIERT - Werkzeuge* das rechts gezeigte Symbol entnehmen und auf die Arbeitsflächs stellen. Damit blenden Sie den Rand mit der Gliederungsgraphik ein und aus.

Bitte beachten Sie zum Thema Gliedern auch die Ausführungen zur Listentabelle, „AutoGliedern“, „Pivot-Tabelle“ und „Teilergebnisse“ im hinteren Teil dieses Buches.

Das Bild unten zeigt das Untermenü zum Punkt Gliedern:

Detail ausblenden
Detail einblenden
Gruppierung...
Gruppierung aufheben...

AutoGliederung
Entfernen
Einrichten...

15 Gliedern: AutoGliedern

Eine Tabelle enthält Zeilen mit Detailwerten sowie deren Zwischen- und Hauptsummen. Um die Übersicht zu erleichtern, sollen die Detailwerte und einzelne Zwischensummen sowohl auf dem Bildschirm als auch auf dem Ausdruck in freier Wahl angezeigt oder ausgeblendet werden. EXCEL soll Sie dabei unterstützen.

Das Grundsätzliche am Gruppieren zeigt Ihnen das vorangehende Rezept. Neu in der Version 5 ist ein automatisches Gliedern, das sich an den Formeln in Ihrer Tabelle und den in den Formeln enthaltenen Bereichsangaben orientiert. Im Beispiel unten enthalten die Zellen B5, B8, B11 und B12 Formeln (siehe rechts daneben). Klicken Sie in die Spalte B, „Erträge“, und wählen Sie *DATEN - Gliederung - AutoGiederung*. EXCEL erzeugt passend zu den Bereichsangaben in den gezeigten Formeln eine Gruppierung der jeweiligen Zeilen, so daß die Detaildaten stufenweise ein- und ausgeblendet werden können.

1 2 3		A	B	C
	1	Texte	Beträge	
·	2	a1	1	
·	3	a2	2	
·	4	a3	3	
−	5	**a Produkt**	6	=SUBTOTAL(6;B2:B4)
·	6	b1	4	
·	7	b2	5	
−	8	**b Produkt**	20	=SUBTOTAL(6;B6:B7)
·	9	c1	6	
·	10	c2	7	
−	11	**c Produkt**	42	=SUBTOTAL(6;B9:B10)
−	12	**Gesamtprodukt**	5040	=SUBTOTAL(6;B2:B10)

Entfernen Sie eine nicht mehr benötigte Gliederung mit *DATEN - Gliederung - Entfernen.* Dies funktioniert in jeder Tabelle, die eine Gliederung enthält, unterschiedslos hinsichtlich der Art, wie die Gliederung erzeugt wurde.

16 Inhalte aussuchen

Sie haben ein umfangreiches Rechenblatt oder eine Makrovorlage erstellt und wollen sich von EXCEL zu bestimmten Zellen hinführen lassen. Es sollen z.B. alle markiert werden, die irgendeinen Fehlerwert aufweisen.

EXCEL bietet zwei Suchfunktionen an: (1) Eine generelle Suche nach Inhalten und (2) eine gezielte Suche nach einem Zellinhalt oder einem Teil davon.

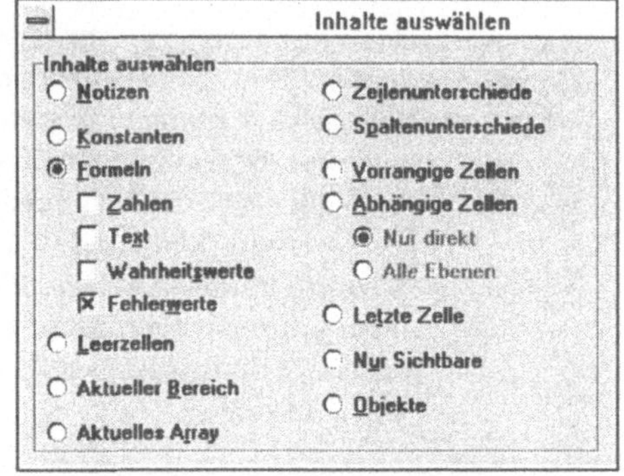

Für die erste Suchart wählen Sie *BEARBEITEN - Gehe zu* und dann die Schaltfläche *Inhalte* .... Das Dialogfenster „Inhalte auswählen" enthält eine Anzahl von Optionen; zur Fehlersuche klikken Sie „Formeln" - „Fehlerwerte" an. Nach dem Bestätigen sind alle Zellen, auf die das Auswahlkriterium zutrifft, markiert.

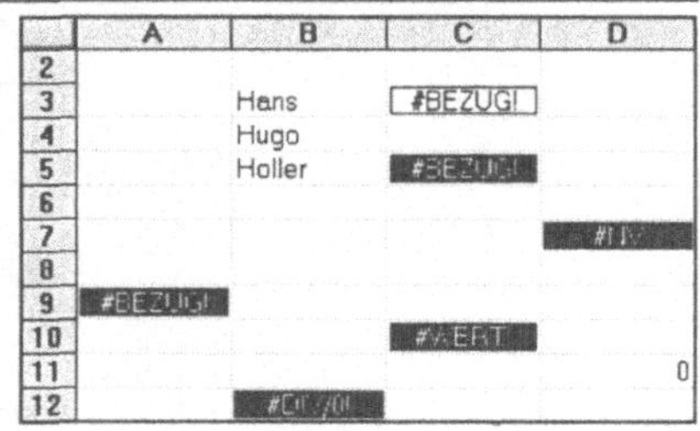

Die andere Möglichkeit ist, nach bestimmten Zellinhalten oder Inhaltsteilen zu suchen, wobei Sie noch die Suchebene (z.B. Formeln, Notizen usw.) und detaillierende Suchparameter angeben können. Der Cursor springt nach dem Bestätigen zur ersten Zelle, auf die die Suchbestimmungen zutreffen. Mit ⇧ + F4 setzen Sie die Suche fort.

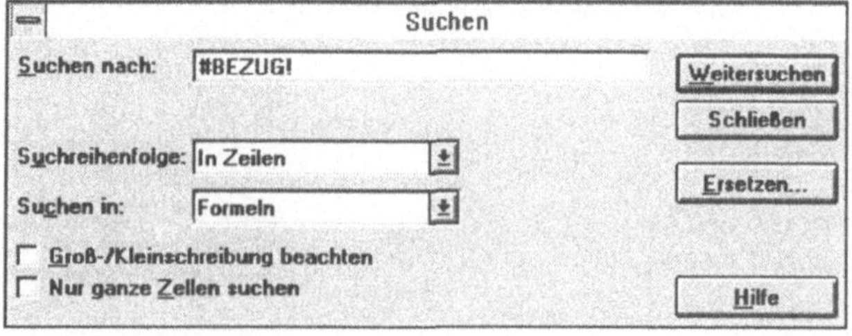

17 Inhalte einfügen

EXCEL zeigt in der Standarddarstellung eines Rechenblattes pro Zelle den direkt eingegebenen Wert oder das Ergebnis aus einer Rechenvorschrift. Dahinter stecken jedoch noch weitere Informationen wie Formeln, Formatierungen und Notizen. Wenn Sie Zellen wie gewohnt kopieren, übertragen Sie alle „Schichten" in den Zielbereich. Es erleichtert Ihnen jedoch die Arbeit, wenn Sie nur eine dieser Schichten kopieren können.

Kopieren Sie die Quell-Zellen wie gewohnt in die Zwischenablage mit [Strg] + [Einfg]. Gehen Sie dann mit dem Cursor zur ersten Zelle des Zielbereichs und wählen Sie *BEARBEITEN - Inhalte einfügen ...* Das Dialogfenster „Inhalte einfügen" bietet im Auswahlkästchen „Einfügen" *Alles / Formeln / Werte / Formate / Notizen* an.

Inhalte einfügen
Einfügen: Alles / Formeln / Werte / Formate / Notizen
Rechenoperation: Keine / Addieren / Subtrahieren / Multiplizieren / Dividieren
OK
Abbrechen
Verknüpfung einfügen
Hilfe
Leerzellen überspringen
Transponieren

„**Alles**" entspricht dem gewohnten Kopieren; „**Werte**" trennt die gezeigten Werte von darunterliegenden Formeln; „**Formate**" überträgt nur die Formatierungen ohne Formeln und Werte, und „**Notizen**" kopiert den Informationstext der jeweiligen Zelle.

Die Option *„Werte"* ist vor allem dann interessant, wenn man z. B. mit den errechneten Werten andernorts unabhängig weiterrechnen will oder die darunterliegenden Formeln Bezüge enthalten, die nach dem Kopieren (z. B. in ein anderes Rechenblatt) aufgelöst werden. Es würden statt der benötigten Werte nur Fehlermeldungen erscheinen, da die Bezüge (Referenzen) ins Leere greifen.

18 Markieren von Zellbereichen

Die graphikorientierte Technik hat eine bestimmte Arbeitsweise etabliert: Zuerst Markieren einer Zellengruppe für die gleichzeitige Bearbeitung und dann Aufruf der Funktion. EXCEL soll Sie beim Markieren unterstützen.

EXCEL bietet mehrere Möglichkeiten, wobei es jeweils auf die Situation ankommt, welche schneller oder vorteilhafter ist. Die beiden einfachen sind das Anklicken einer Zelle und Ziehen der Maus (die linke Maustaste dabei gedrückt halten) in eine beliebige Richtung, sowie das Bewegen des Cursors mit den Steuertasten der Tastatur, wobei Sie gleichzeitig die [⇧]-Taste drücken. Detaillierte Hinweise finden Sie in der Hilfe-Information unter „Tasten zum Bewegen und Markieren".

Nicht zusammenhängende Zellen können Sie als „**Mehrfachauswahl**" markieren, indem Sie die [Strg]-Taste niederhalten und mit der Maus auf die einzelnen Zellen klicken (auch Ziehen ist möglich). Bitte beachten Sie, daß nicht jede EXCEL-Funktion auf eine unzusammenhängende Zellauswahl anwendbar ist.

Wenn Sie für eine oder mehrere Zellen einen **Namen** vergeben haben, können Sie alle diese Zellen mit *BEARBEITEN - Gehe zu ...* (oder: [F5]) markieren. Wählen Sie im gleichnamigen Dialogfenster entweder den Namen aus der Liste aus, oder geben Sie unten den Bezug (die Zelladresse) ein.

Einen **Bereich von gefüllten Zellen** können Sie sich automatisch markieren lassen: klicken Sie auf eine beliebige Zelle in dieser Gruppe und dann auf das im nächsten Bild gezeigte Symbol. Von der angeklickten, aktuellen Zelle ausgehend (im folgenden Bild die eingerahmte Zelle) werden alle benachbarten, gefüllten Zellen markiert, bis nur noch leere Zellen angrenzen (im Bild unten rechts). Die Zellen mit den Inhalten „Spalte 1" und „Spalte 2" sind durch Leerzellen von der aktuellen Zelle getrennt und werden in die automatische Markierung nicht mehr einbezogen.

18 Markieren von Zellbereichen (Fortsetzung)

Sie finden das gezeigte Symbol unter *ANSICHT - Symbolleisten ...* - Schaltfläche „*Benutzerdefiniert ...*" - Kategorie „Werkzeug"; ziehen Sie das Symbol einfach auf die Arbeitsfläche. Die dabei von EXCEL gebildete Symbolleiste läßt sich frei benennen (hier: „Markieren").

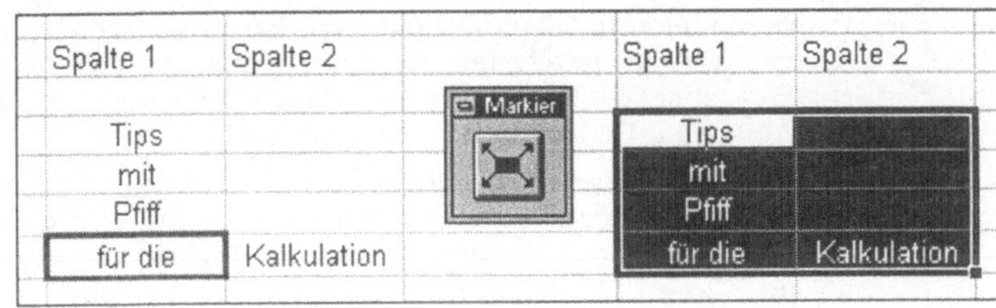

Bild: Automatisches Markieren eines Zellbereichs

Sie können sich mit den Tasten [↵] oder [⇆] durch den markierten Bereich bewegen, ohne daß die Markierung aufgehoben wird.

19 Eine Mustervorlage erstellen

Mit etwas Übung haben Sie sich einige Grundeinstellungen wie „Seite einrichten“, Formatvorlagen usw. zurechtgelegt, die Sie bereits beim Öffnen eines neuen EXCEL-Dokuments als individuelle Voreinstellungen antreffen wollen.

Laden Sie eine neue, leere Tabelle (oder Makrovorlage) und richten sie mit allen Inhalten, Definitionen, Formatvorlagen, Seitenattributen usw. wie gewünscht her. Wählen Sie dann *DATEI - Speichern unter ...* - aber noch nicht abspeichern! Benennen Sie die künftige Vorlage im Dialogfenster „Speichern unter:“.

Im Auswahlfenster „Dateityp speichern“ links unten steht im allgemeinen „Microsoft Excel-Arbeitsmappe“. Klappen Sie das Auswahlfenster herunter; es zeigt als zweite Möglichkeit „**Mustervorlage**“ an. Klicken Sie darauf und aktivieren Sie ggf. noch andere *Optionen*, z. B. *„Sicherungsdatei erstellen“* (EXCEL sichert den Zustand vor dem Speichern in einer *.BAK-Datei.). Mit *„Kennwort“* fordert EXCEL beim Laden der Datei ein Paßwort (max 15 Zeichen, auch Leerzeichen, Ziffern und Zeichen sind zugelassen). **Achtung**: das Kennwort unterscheidet zwischen Groß- und Kleinbuchstaben!

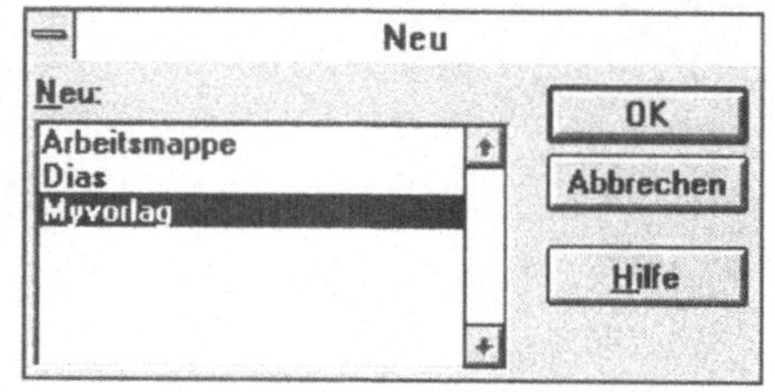

Zum Abspeichern wählen Sie als EXCEL-Unterverzeichnis XLSTART (**muß!** für DOS-PC's). Bestätigen Sie. Auf dem Macintosh können Sie Ihre Vorlagen in eine beliebige Mappe geben. Der DOS-Dateiname erhält die Endung ***.XLT**. Schließen Sie die Tabelle. Beim nächsten Aufruf von *DATEI - Neu ...* ist die Mustervorlage sofort verfügbar (im Bild „Myvorlag“). Am Macintosh klicken Sie zum Laden den Namen des Musters wie gewohnt an.

Änderungen können Sie direkt in der *.XLT-Datei durchführen. Halten Sie beim Laden der *.XLT-Datei die ⇧-Taste gedrückt, damit Sie das Muster im Original und nicht eine Kopie davon bearbeiten.

20 Schutz von Änderungen einrichten

Sie haben eine Tabelle mit Beschriftungen und Formeln erstellt und wollen sich gegen (unbeabsichtigtes, unbefugtes) Verändern oder Löschen von Tabellenteilen oder der ganzen Datei absichern.

Der Zellschutz erfordert zwei Schritte: (1) Sperrkennzeichen für die Zelle(n) setzen und (2) gesamtes Rechenblatt schützen. **Grundeinstellung**: das Sperr-Kennzeichen ist gesetzt. Somit ist für alle Zellen, die zugänglich sein sollen, dieses Kennzeichen aufzuheben.

Markieren Sie den Bereich, der zugänglich bleiben soll, gehen Sie mit *FORMAT - Zellen ...* . in das Dialogfenster „Zelle formatieren" und holen Sie die Dialogkarte „Schützen" in den Vordergrund; sie bietet Ihnen zwei Kontrollkästchen zum Ankreuzen: **GESPERRT** - (Standardeinstellung: angekreuzt) weist eine Eingabe in die ausgewählten Bereiche nach dem Schützen des gesamten Rechenblattes ab. **FORMEL AUSBLENDEN** zeigt die hinter einer Zelle stehende Formel nicht an.

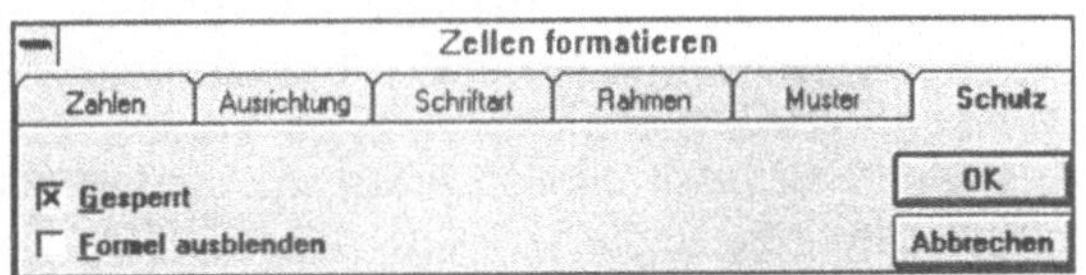

Dieser Zellschutz wirkt nicht sofort, sondern muß noch in einem zweiten Schritt aktiviert werden: *EXTRAS - Dokument schützen ...* und dann entweder das aktuelle Blatt oder die Arbeitsmappe; folgende Bilder zeigen die Möglichkeiten.

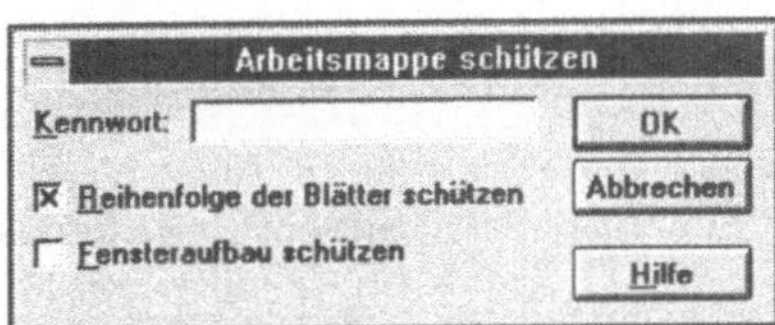

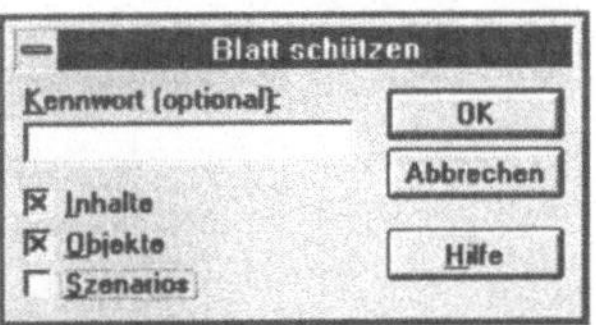

Möglicherweise erhalten Sie einen Fehlerhinweis beim Versuch, geschützte Zellen zu verändern. Sie können mit **Schutz entfernen**: Untermenü zu *EXTRAS - Dokument schützen ....* das Problem sofort lösen.

Die Kennwortprüfung unterscheidet Groß- und Kleinbuchstaben! Die Eingabe des Kennworts wird beim Aufheben des Schutzes verlangt. Bei abgewiesener Eingabe erscheint der Hinweis: „ungültiges Kennwort".

21 Sortieren

Eine Tabelle enthält in einer Spalte oder Zeile Daten, die Sie auf- oder absteigend sortiert brauchen. In einer EXCEL-Tabelle gibt es keine Möglichkeit, Indices aufzubauen; Sie müssen die Daten durch Umlagern in die gewünschte Reihenfolge bringen.

EXCEL bietet Ihnen zwei Zugänge zur Sortierfunktion: (a) über die beiden Symbole auf der Standard-Symbolleiste und (b) über die Menüleiste.

Markieren Sie in beiden Fällen die zu sortierenden Zellen (Zeilen, Spalten) (siehe auch das Rezept „Markieren von Zellbereichen"). Die Zellen müssen einen zusammenhängenden Bereich bilden (EXCEL weist die Mehrfachmarkierung ab).

Einfaches Sortieren (eine Spalte)

Bewegen Sie den Cursor mit der ⇥-Taste in die Spalte, nach der der gesamte markierte Bereich sortiert werden soll (die Zeilenposition ist hier ohne Belang), und klicken Sie auf eines der beiden rechts gezeigten Symbole. Das Sortieren erfolgt auf- oder absteigend. Sie können den gleichen Bereich auch mehrfach hintereinander sortieren lassen (siehe dazu die Hinweise unten).

Erweitertes Sortieren (mehrere Spalten gleichzeitig und Optionen)

Über das Menü *DATEN - Sortieren ...* gelangen Sie zum Sortieren mit erweiterten Funktionsdetails. Das gleichnamige Dialogfenster bietet unter „Sortieren nach" und „Anschließend nach" eine Auswahlliste mit den markierten Spalten (Standardeinstellung) oder Zeilen (siehe Optionen).

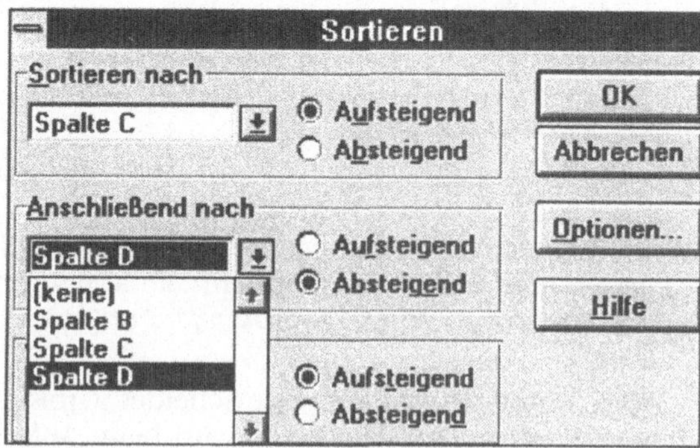

Jedes der drei Sortierkriterien ist in der Sortierfolge für sich unabhängig einstellbar: auf- (Standardeinstellung) oder absteigend (In der Version 4 waren dies der 1., 2. und 3. Schlüssel). Die Rahmenbeschriftungen im Dialogfenster „Sortieren“ weisen auf die Sortierhierarchie hin: „Sortieren nach“ ist das oberste der Kriterien. Ein Sortierkriterium kann somit nur in einer Spalte (Zeile) liegen; d.h. daß die Zeilen (Spalten) anhand einer untereinander (nebeneinander) liegenden Reihe von Zellen sortiert (= im markierten Bereich physisch umgelagert) werden. Die Daten erscheinen in der neuen Reihenfolge auf dem Bildschirm.

Optionen für das erweiterte Sortieren: siehe nächstes Rezept.

Bitte beachten Sie, daß Sie für das Sortieren immer den gesamten Bereich markiert haben. EXCEL erkennt hier keine logische, inhaltliche Zusammengehörigkeit! Hier besteht die **Gefahr**, daß Sie Ihre Daten „korrumpieren“, d.h. aus dem Zusammenhang reißen (siehe die Beschreibung der "Sortierwarnung" im nächsten Rezept). Wenn Sie den Fehler sofort bemerken, können Sie den vorherigen Zustand wieder herstellen lassen. Ansonsten hilft Ihnen nur eine aktuelle Sicherungskopie (oder neuerliches Eingeben ...). Sie können sich das Markieren vereinfachen, indem Sie oft zu sortierende Bereiche mit einem Namen benennen und sie durch *GEHE ZU* markieren lassen.

Widerrufen ist mit *BEARBEITEN - Rückgängig: Sortieren* und **Wiederholen** mit *BEARBEITEN - Wiederholen: Sortieren* (oder: F4) möglich.

Mehrere Schlüssel ergeben eine **Sortierhierarchie**: ein oberstes Kriterium ist in sich nach nachrangigen sortiert (z. B. Jahr - Monat - Tag - Stunde). Soll nach **mehr als drei** Kriterien sortiert werden, so sortieren Sie zuerst nach dem drittletzten, vorletzten und letzten Kriterium in der Sortierhierarchie und so weiter aufsteigend bis zum ersten, obersten. Größere, von außen kommende Datenmengen sollten extern vorsortiert werden!

22 Sortieren, benutzerdefinierte Reihenfolge

Die Standard-Sortierfolge reicht Ihnen nicht aus, da Sie sich ganz bestimmte Zellinhalte in einer speziellen Reihenfolge anordnen lassen wollen.

EXCEL bietet Ihnen die Möglichkeit, die Sortierfunktion nach einer „benutzerdefinierten Sortierreihenfolge" ausführen zu lassen. Wählen Sie *DATEN - Sortieren ...* . Mit der Schaltfläche *„Optionen"* gelangen Sie in das Dialogfenster „Sortieroptionen", das Ihnen zusätzliche Einstellungen anbietet. Die „Benutzerdefinierte Sortierreihenfolge" (Bild unten rechts) erleichtert Sortierungen mit Hilfe einer intern geführten Umschlüsselungstabelle. Sie stellen unter „Richtung" ein, ob Sie Zeilen (Standardeinstellung) oder Spalten sortieren möchten.

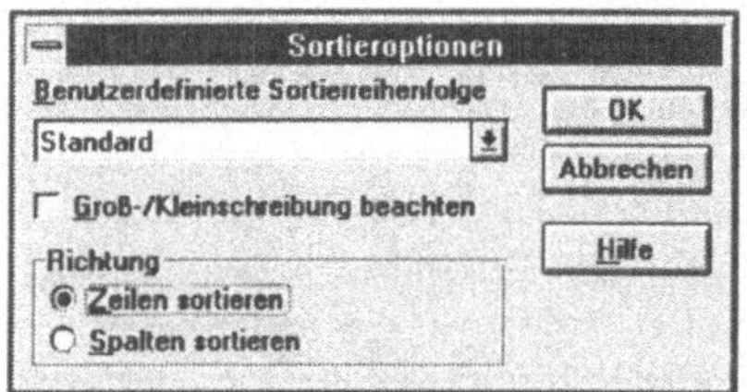

Definieren einer eigenen Sortierreihenfolge

Wählen Sie EXTRAS - Optionen ... und holen Sie die Dialogkarte „AutoAusfüllen" in den Vordergrund (Ausschnitt unten). Nehmen Sie die „Listeneinträge" bzw. importieren Sie sie aus den Zellen einer Tabelle. Die Benutzerliste wird durch Klick auf die Schaltflächen „Einfügen" oder „Importieren" um den neuen Eintrag erweitert. Damit steht Ihnen für genau diese Werte eine neue Sortierreihenfolge zur Verfügung.

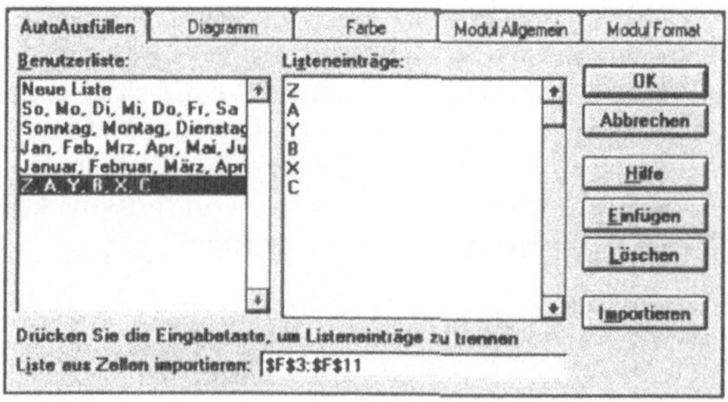

Sortieren, benutzerdefiniert (Fortsetzung)

A	B	C	D
	Sortierfolgen:		
Quelle	Standard	benutzer-definiert	
H	A	Z	Abba
Z	A	A	Anton
A	B	A	Berta
W	H	Y	Heinrich
X	O	B	Otto
B	Ö	X	Österreich
T	T	H	Theodor
Ö	X	O	Walter
C	Y	Ö	Xanthippe
O	Z	T	Zappa

Das Beispiel rechts zeigt, wie sich die Sortierreihenfolgen auswirken. In der Spalte A sind die Einträge in ihrer ursprünglichen Reihenfolge („Quelle"). Spalte B zeigt die Reihung durch die Standard-Sortierung nach dem genormten Sortierverfahren. In der Spalte C ist eine benutzerdefinierte Sortierreihenfolge angewandt (siehe vorhergehendes Bild); aus dem Sortierergebnis in Spalte D ist ersichtlich, daß diese Eigendefinition nur wirksam ist, wenn sie auf die eingetragenen Werte angewandt wird. Alle übrigen Zellinhalte sortiert EXCEL nach der Standardfolge.

Die benutzerdefinierte Sortierreihenfolge bleibt so lange wirksam, bis Sie sie wieder durch die Einstellung „Standard" aufgehoben haben. Die eingestellte Reihenfolge wirkt auch, wenn Sie die Sortierfunktion durch die beiden Sortiersymbole auf der Standard-Symbolleiste aufrufen.

Wenn Sie für das Sortieren einen Zellbereich markiert haben, der nicht durch Leerzellen von den übrigen Inhalten getrennt ist, so weist Sie EXCEL darauf hin und bietet ein automatisches Erweitern der Markierung an.

Sie können im Dialogfenster „Sortieren" entscheiden, ob die Liste einen **Zeilenkopf** enthält, der nicht mitsortiert werden soll.

23 Die Standardbreite / -höhe einstellen

Für die Tabelle ist eine Standardhöhe der Zeilen und eine Standardbreite der Spalten vorgegeben; dies kann jederzeit frei verändert werden. EXCEL kann die Zeilenhöhe und die Spaltenbreite anhand des Inhalts der Zellen optimieren.

Führen Sie den Cursor auf die Trennlinie unter die einzustellende Zeile oder rechts neben die einzustellende Spalte. Die Cursorform wechselt vom „Schweizerkreuz" zu einem schwarzen Symbol mit Pfeilen (wie rechts gezeigt). Halten Sie den Cursor in dieser Position und drücken zweimal die linke Maustaste. Die Zeilenhöhe wird nun an die Schriftgröße (oder an den Zeilenumbruch) angepaßt; die Spaltenbreite an den längsten Text in der Spalte (das entspricht der „optimalen Höhe / Breite").

Zum freien Einstellen von Spaltenbreite oder Zeilenhöhe können Sie

(a) mit der Maus den unteren Zeilenrand / rechten Spaltenrand auf der Kopfleiste links / oben auf das gewünschte Maß verschieben (es wird links neben der Befehlszeile eingeblendet); oder

(b) das Dialogfenster *FORMAT - Zeile* oder *FORMAT - Spalte* nutzen. Sie gelangen dann in das rechts abgebildete Untermenü; mit „Höhe" / „Breite" in das Dialogfenster für die Eingabe des Wertes.

Breite...
Optimale Breite
Ausblenden
Einblenden
Standardbreite...

Der als „Standardbreite" eingegebene Wert verändert sofort die Breite aller Spalten, für die keine andere Breite definiert wurde.

Sie können mehrere Zeilen und Spalten gleichzeitig formatieren, indem Sie sie zuvor markieren. Dabei genügt es, wenn Sie anstelle der Zeilen- oder Spaltenköpfe Zellen in den zu formatierenden Zeilen oder Spalten markieren.

Mit der Angabe Höhe / Breite gleich Null können Sie Zeilen / Spalten ohne Inhaltsverlust ausblenden. Das Einblenden ist anhand des oben gezeigten Menüs möglich.

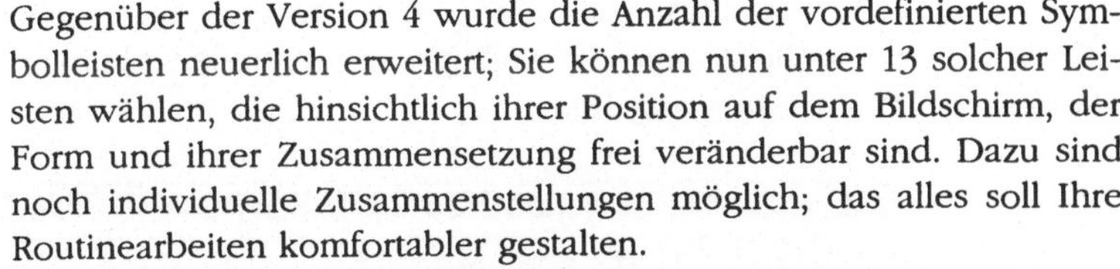

Gegenüber der Version 4 wurde die Anzahl der vordefinierten Symbolleisten neuerlich erweitert; Sie können nun unter 13 solcher Leisten wählen, die hinsichtlich ihrer Position auf dem Bildschirm, der Form und ihrer Zusammensetzung frei veränderbar sind. Dazu sind noch individuelle Zusammenstellungen möglich; das alles soll Ihre Routinearbeiten komfortabler gestalten.

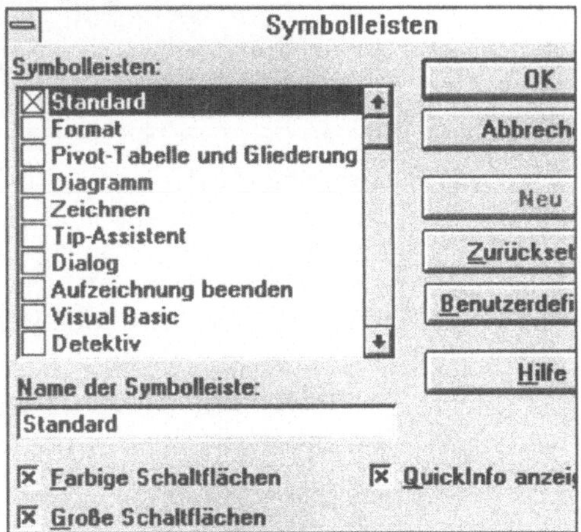

Um Ihnen - gerade am Anfang - einen raschen Überblick zu verschaffen, führt dieses Kapitel die vordefinierten Symbolleisten und die verfügbaren Schaltflächen (Funktionssymbole) auf. Aus der Menge dieser Symbole, die Sie im Dialogfenster „Benutzerdefiniert" finden, wurden 13 Symbolleisten zusammengestellt (siehe das Dialogfenster „Symbolleisten"). Ihr Inhalt ist veränderbar, läßt sich über die Schaltfläche „Zurücksetzen" in den Grundzustand bringen; die vordefinierten Symbolleisten können aber nicht gelöscht, sondern nur ein- oder ausgeblendet werden.

Wählen Sie *ANSICHT - Symbolleisten ...* - Das Dialogfenster „Symbolleisten" zeigt Ihnen alle verfügbaren (auch die selber eingerichteten) Leisten; zum Einblenden einer Leiste klicken Sie das Kontrollkästchen vor dem Namen einfach an und bestätigen mit *OK*.

EXCEL bietet Ihnen mit der rechten Maustaste (*Macintosh*-Benutzer: Kommando- und Optionstaste beim Klicken niederhalten) einen schnellen Zugang zu einem Menü, das Ihnen alle eingerichteten Symbolleisten zeigt: Klicken Sie mit dieser Taste(nkombination) auf die graue Fläche zwischen den Symbolen einer beliebigen Symbolleiste, und wählen Sie die gewünschte Leiste (das Häkchen vor dem Namen heißt „eingeblendet").

25 Symbolleisten: Übersicht

Die Übersicht soll Ihnen eine Orientierung geben. Zu jeder Symbolleiste sind die wichtigsten Funktionen / Funktionsgruppen in Stichwörtern angeführt.

Die Symbolleiste **Standard** erscheint nach dem Starten (EXCEL-Grundeinstellung). Schnelles Ein- und Ausblenden mit [Strg] + [0]. Funktionen: Dateihandhabung; Druck; Ausschneiden; Befehle widerrufen / rückgängig machen; Funktionsassistent; Sortieren; Diagrammassistent; Tip-Assistent; EXCEL-Hilfe; Hilfe.

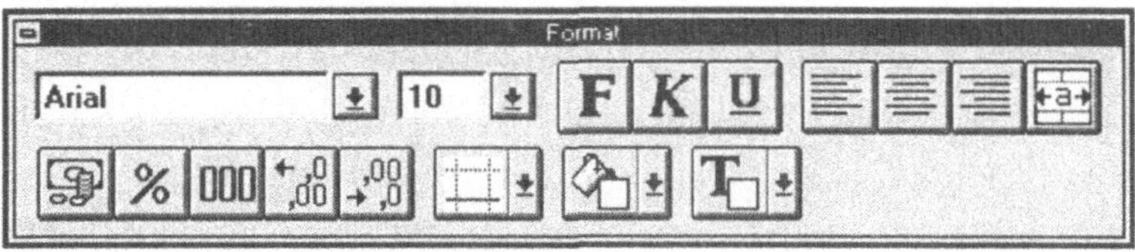

Format: Schrifttype und -art; Anordnung des Zellinhalts; Zahlenformate; Rahmen- und Farbpalette.

Pivot-Tabelle und Gliederung: Pivot-Tabelle erstellen; Hinauf- / Herunterstufen; Details aus- / einblenden.

Diagramm: Diagrammtyp; -assistent, - gestaltung .

25 Symbolleisten: Übersicht (Fortsetzung)

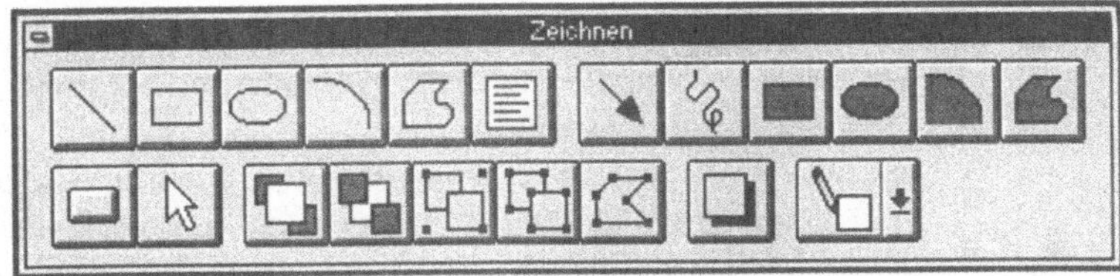

Zeichnen: Graphikelemente; freihändiges Zeichnen; Gruppierungen; Aufeinanderlegen von Objekten.

Tip-Assistent: Hinweise aus der Analyse der Anwenderaktionen.

Dialog: Elemente für die Gestaltung eines individuellen Dialogfensters.

Detektiv: zeigt die in einem Rechenblatt aufgrund der Formeln bestehenden Zusammenhänge auf.

Microsoft: rascher Wechsel zu anderen Microsoft-Paketen.

26 Eine Symbolleiste zusammenstellen

Viele Funktionen sind durch ein Symbol aufrufbar. Sie möchten sich eine eigene Symbolleiste der von Ihnen am häufigsten gebrauchten Befehle zusammenstellen.

Wählen Sie *ANSICHT - Symbolleisten ... - Benutzerdefiniert ...* . Im gleichnamigen Dialogfenster können Sie eine vordefinierte Symbolleiste frei verändern (das Zurücksetzen finden Sie im Dialogfenster „Symbolleisten") oder die Symbole beliebig zu einer neuen, individuellen Leiste arrangieren. Das Zusammenstellen erfolgt durch Anklicken und Herausziehen (linke Maustaste gedrückt halten) aus dem Dialogfenster „Benutzerdefiniert" auf die Arbeitsfläche. EXCEL bildet um die erste Schaltfläche einen Leistenrahmen, der sich beim Hinzufügen weiterer Symbole entsprechend erweitert.

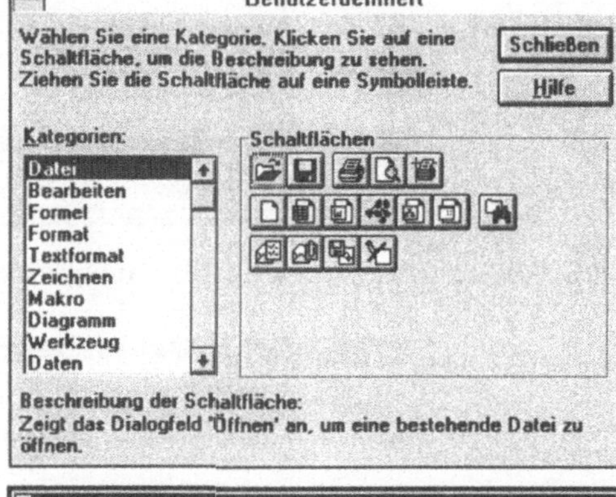

Klicken Sie mit der **rechten** Maustaste (*Macintosh*-Benutzer: Kommando- und Optionstaste beim Klicken gedrückthalten) auf den grauen Bereich irgendeiner Symbolleiste, um alle bestehenden Symbolleisten rasch ein- oder auszublenden. Im nebenstehend abgebildeten Menü, das daraufhin erscheint, sind die eingeblendeten Leisten angehakt.

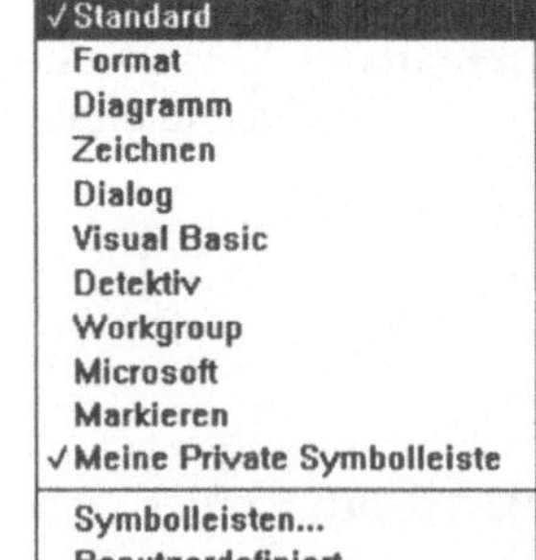

27 Der Symboleditor

Sie möchten ein Symbol verändern oder ein eigenes zeichnen.

Rufen Sie das Menüfenster „Benutzerdefiniert“ auf (siehe voriges Rezept), um den Symboleditor zu aktivieren. Ziehen Sie jene Schaltfläche auf die Arbeitsfläche, die Sie verändern nöchten. Klicken Sie mit der **rechten** Maustaste (Macintosh-Benutzer: Kommando- und Optionstaste beim Klicken gedrückt halten) auf die Schaltfläche; daraufhin erscheint das nachfolgend gezeigte Menü.

Schaltflächensymbol kopieren
Schaltflächensymbol einfügen
Schaltflächensymbol zurücksetzen
Schaltflächensymbol bearbeiten...

Zuweisen...

Wählen Sie „Schaltflächensymbol bearbeiten ...“. EXCEL öffnet das Fenster „Symboleditor“ (Bildausschnitt unten), in dem das Symbol aufgerastert erscheint. „Zeichnen“ Sie nun, indem Sie jedes Rasterkästchen mit Farbe und Schattierung versehen, bis das gewünschte Bild erscheint.

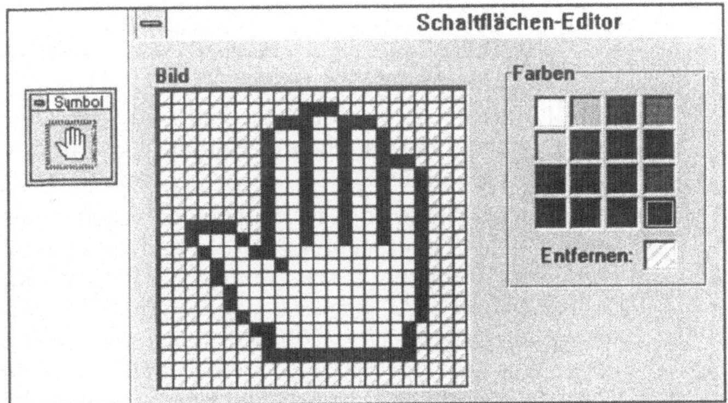

Verlassen Sie den Editor mit OK, und stellen Sie das veränderte Symbol in eine beliebige Symbolleiste. Mit „Zuweisen“ (siehe obiges Menü) stellen Sie die Verbindung zu einem Befehl in einem Makroprogramm her.

28 Zahlen individuell formatieren

Sie können aus einer umfangreichen, strukturierten Palette die vordefinierten Formate für die verschiedensten Zellinhalte auswählen. Darüber hinaus haben Sie zusätzliche Gestaltungsfreiheiten, wie die folgenden Tips und Tricks zeigen.

Spalte A enthält die Eingabe, B den Text des Zahlenformats, den Sie in das Eingabefeld „Format" der Dialogkarte „*Zahlen*" (Zugang über *FORMAT* - *Zellen* ... - Dialogfenster „Zellenformat") frei hineinschreiben können. Die Spalte C zeigt das Ergebnis.

	A	B	C
1	**Eingabe**	**Zahlenformat**	**Ergebnis**
2	47	#,000. "Mio us$"	,047 Mio us$
3	471		,471 Mio us$
4	4711		4,711 Mio us$
5	4711,89		4,712 Mio us$
6	13,50	"öS" *. #.##0,00	öS 13,50
7	14.12.1993	"Heute, am " TTTT", den "TT-MM-JJJJ", schrieb ich dies."	Heute, am Dienstag, den 14.12.1993, schrieb ich dies.
8	1000000,00	[>999999]#"."###"."##0,00; #.##0,00	1,000.000,00
9	766	[>500]"Maximum"; [<-500]"Minimum"; #0,00;"k/A"	Maximum
10	488		488,00
11	-299		-299,00
12	-633		Minimum
13	Text		k/A
14	251151	"na bitte ...!"	na bitte ...!
15	***verdeckt***	;;;	

Die Formatierung in der Zeile sechs erhalten Sie durch den „*", gefolgt von einem beliebigem Zeichen (hier: ein Punkt, auch ein Leerzeichen ist möglich).

Die Zeilen sieben bis 13 zeigen ein sogenanntes „**bedingtes Format**". In der Zeile acht sehen Sie den „Millionentrick": ein Komma statt des Punktes. - Das Format „[>500]"Maximum"; [<-500]"Minimum"; #0,00;"k/A" legt fest, wie die Eingabe darzustellen ist, wenn der eingegebene Wert 500 übersteigt oder -500 unterschreitet. Zudem läßt sich die Eingabe auch gänzlich unterdrücken. Ein Eingabewert zwischen 500 und -500 wird wie gewohnt wiedergegeben, und eine Texteingabe anstelle einer Zahl erscheint als Hinweis „k/A". Mit dem Format („ **; ; ;** „) in Zeile 15 können Sie einen Zellinhalt (Schrift wie Text) gänzlich verdecken.

29 Bezüge: „A1“ und „Z1S1“

Sie wollen von einer Zelle(ngruppe) zu einer anderen Zelle(ngruppe) eine Beziehung herstellen und dabei die Zeile/Spalte-Schreibweise verwenden, die Sie von einer anderen Tabellenkalkulation gewohnt sind, oder in einer Makrovorlage mit den Bezugsangaben „rechnen“ (im Sinne einer Adreßrechnung).

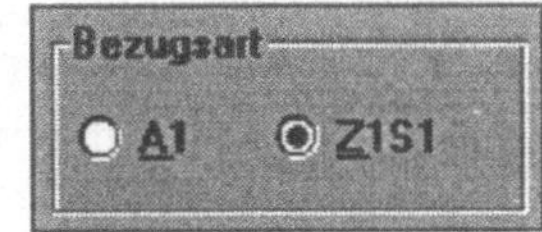

EXCEL bietet in der Grundeinstellung die „A1“-Schreibweise an: Die Spalten sind mit Buchstaben von „A“ bis „IV“ (= 256) bezeichnet und die Zeilen mit Zahlen von 1 bis 16.384. Das ist prägnanter und entspricht unserer Lesegewohnheit (von links nach rechts und dann von oben nach unten). Der Nachteil: Es lassen sich damit keine Positionen auf der Tabelle berechnen. Daher können Sie auf die andere Darstellung umschalten: Wählen Sie *EXTRAS - Optionen* ... und holen Sie die Dialogkarte „Allgemein“ in den Vordergrund. Im Kästchen „Bezugsart“ können Sie die gewünschte Anzeigeart auswählen.

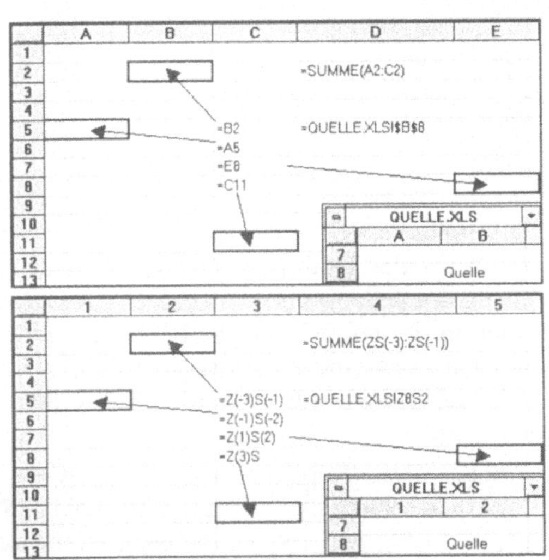

EXCEL wechselt mit der Darstellungsweise die Bezüge automatisch. So wird z.B. aus der Formel „=SUMME (B2:B4)“ in der Zelle B5 die Formel „=SUMME (Z(-3)S:Z(-1)S)“.

30 Bezüge: Das Verhalten beim Kopieren

Sie wollen eine Zelle kopieren, die eine Formel mit relativen und absoluten Bezügen enthält. Welches Ergebnis können Sie aufgrund der von EXCEL automatisch vorgenommenen Anpassung der Bezüge erwarten?

Das Beispiel zeigt, daß die Zelle C8 nach D13 kopiert wurde. Die absoluten Bezüge (also jene mit dem vorangestellten „**$**“-Zeichen) blieben unverändert. Die anderen, „relativen“ Bezüge, hat EXCEL genau um die Entfernung Quelle - Ziel angepaßt: z. B. aus „A8“ wurde „B13“ (also: eine Spalte und fünf Zeilen dazu).

	A	B	C	D
7				
8	8		=A8+$A$9+A$10+$A11	
9	9			
10	10			
11	11			
12	12			
13	13			=B13+$A$9+B$10+$A16
14	14			
15	15			
16				

Oft ergibt es sich, daß Bereiche z. B. nach unten erweitert werden müssen - das Einfügen dazwischen ist kein Problem, aber das Anfügen am Anfang und zum Schluß. Daher: **vor** und **nach** dem Bereich in der Formel, die die Bereichsangabe (z. B. „D3:D9“) enthält, einfach noch eine Zelle freilassen, und diese in den Rechenbereich mit einbeziehen (also: „D2:D10“). Die leere Zelle stört die Berechnung nicht.

Trick: Das Kopieren von relativen Bezügen ohne deren automatische Veränderung durch EXCEL ist möglich, indem Sie den Inhalt der Bearbeitungszeile in die Zwischenablage kopieren (mit „ in die Bearbeitungszeile; den Inhalt markieren; [Strg] + [Einfg]) und in der Zielzelle wiederum in die Bearbeitungszeile einfügen lassen ([⇧] + [Einfg]).

31 Bezüge: Verlagern der Quellzellen

Beim Verändern einer Tabelle wollen Sie einen Zellbereich verlagern, auf den sich Formeln in anderen Zellen (die ihren Platz behalten) beziehen. Bei dieser Verlagerung können Sie sicher sein, daß EXCEL die abhängigen Formeln automatisch anpaßt.

Die Zellen C2 und C3 enthalten Formeln, die sich auf Zellen in der Spalte A beziehen.

	A	B	C
1		1	
2		2	=SUMME(B1:$B$6)
3		3	=B$3+$B4
4		4	
5		5	
6		6	
7			

Nach dem Verlagern des gesamten Quellbereichs, hier im Beispiel die Zellen A1 bis A6, hat EXCEL die Formeln in den Zellen C2 und C3 an den neuen Quellbereich angepaßt.

	A	B	C
1	1		
2	2		=SUMME(A1:$A$6)
3	3		=A$3+$A4
4	4		
5	5		
6	6		
7			

32 Die Bezugsart rasch wechseln

Sie haben in verschiedene Zellen Formeln eingegeben, die auch Bezüge enthalten. Sie wollen nachträglich gezielt die Bezugsart von absolut auf relativ (oder umgekehrt) abändern.

Gehen mit „ in die Bearbeitungszeile, in der die zu bearbeitenden Formel steht, und stellen Sie den Cursor-Strich hinter die Bezugsangabe, die Sie veränderen wollen. Bei mehreren Bezügen in der Formel markieren Sie alle in Frage kommenden.

Blättern Sie mit F4 die Möglichkeiten bis zur gewünschten Form durch (Reihenfolge: A1 - $A$1 - A$1 - $A1).

Den Bezug für eine ganze Spalte / Zeile geben Sie jeweils ohne Zeilen- / Spaltenbezeichnung ein. So bezieht sich die Angabe „C:C“ auf alle Zellen der Spalte C; die Angabe „47:47“ auf alle Zellen der Zeile 47.

33 Die externen Bezüge

Sie haben eine Hierarchie von Tabellen aufgebaut; jede der übergeordneten Rechenblätter enthält Berechnungsergebnisse aus den nachrangigen. Änderungen an einer Stelle sollen sich sofort überall auswirken, um die Aktualität zu gewährleisten.

Hinterlegen Sie in jenen Zellen der übergeordneten Tabelle sogenannte „externe Bezüge“, die auf die untergeordneten verweisen sollen. Im Beispiel unten enthält die Zelle B3 die Formel „='BUDGET10.XLS'!$B$8“. Die Angaben bis zum Rufezeichen (das als Trennmarke dient) sind der Verweis auf die andere Tabelle (Pfad- und Dateiangabe nach DOS-Konvention).

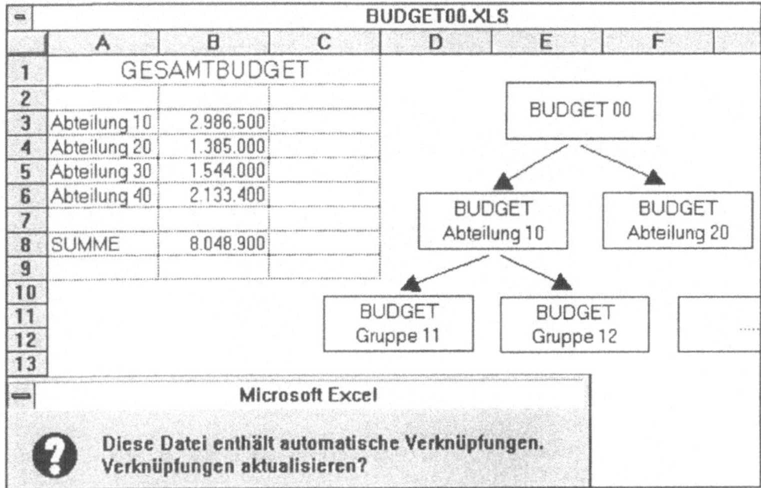

Es ist nicht erforderlich, daß Sie alle durch externe Bezüge verknüpften Tabellen laden, nur um eine zu bearbeiten. EXCEL fragt immer, ob die soeben geladene Tabelle aktualisiert werden soll. *JA* führt diesen Schritt durch, ungeachtet, ob die untergeordneten Tabellen auch tatsächlich verändert wurden. *NEIN* verändert keine Inhalte; auch die Funktion *Neu berechnen* (in *EXTRAS - Optionen ...*, Dialogkarte „Berechnen“ oder: F9) aktualisiert die externen Bezüge nicht.

Zum nachträglichen Aktualisieren haben Sie zwei Möglichkeiten:

(1) Sie laden die verknüpfte(n) Datei(en) auch, oder

(2) Sie wählen *BEARBEITEN* - *Verknüpfungen* ... und klicken dann im Dialogfenster „Verknüpfungen" die Schaltfläche *„Jetzt aktualisieren"* an.

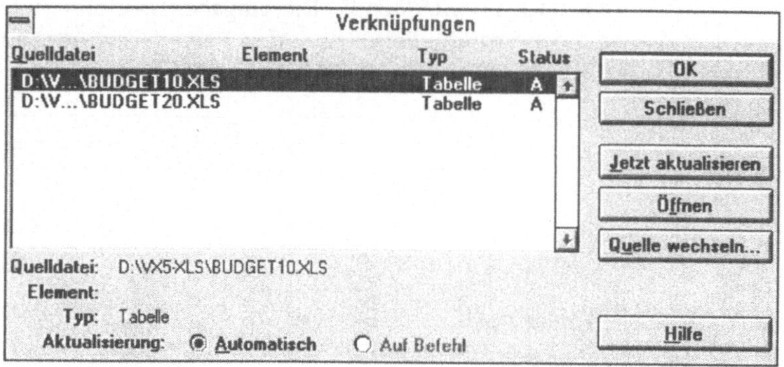

34 Namen: in Formeln verwenden

Ein Rechenblatt enthält eine Anzahl von Formeln, die sich auf verschiedene Zellen und Zellbereiche beziehen. Um sich besser zurechtzufinden, haben Sie dafür Namen vergeben (siehe oben). Jetzt möchten Sie diese Namen auch in den Rechenvorschriften verwenden.

Gehen Sie zu der zu bearbeitenden Zelle und dann mit [F2] in die Bearbeitungszeile. Dort können Sie an jeder beliebigen Stelle einer Formel Namen eingefügen. EXCEL unterstützt Sie dabei mit einer Nachschlagefunktion:

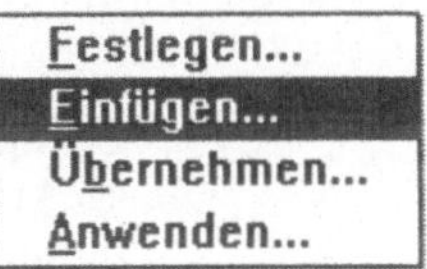

- Stellen Sie den Cursor an die Einfügestelle und holen Sie sich mit *EINFÜGEN - Namen*, und weiter im Untermenü (siehe Bild rechts) *Einfügen* ..., das Dialogfenster „Namen einfügen" auf den Bildschirm. Es bietet Ihnen eine Liste der verfügbaren Namen.
- Wählen Sie den erforderlichen Namen durch doppeltes Anklicken. Mit der Taste [F2] gibt es auch einen Schnellzugang zum Dialogfenster „Namen einfügen".

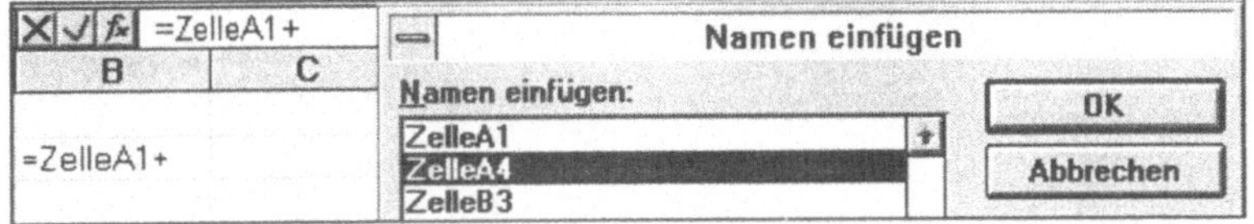

Beachten Sie, daß stets die Parameter einer Funktion (hier: die Namen) sowie die Elemente einer Liste durch einen Strichpunkt zu trennen sind.

Wenn Sie in Ihren Formeln nachträglich definierte Namen verwenden wollen, dann wählen Sie im Untermenü *Anwenden* .... Sie können dann auswählen, welche Bezüge in den Formeln des gesamten Rechenblattes durch den markierten Namen ersetzt werden sollen. Hinweis: Durch Niederhalten der [Strg] - Taste beim Anklicken ist eine Mehrfachmarkierung möglich.

35 Namen: Eine Liste erstellen

Sie haben in Ihrem Rechenblatt für eine Reihe von Zellen Namen vergeben und wollen sich von EXCEL zur Dokumentation eine Übersichtsliste erstellen lassen.

Markieren Sie jene Zelle, bei der die Liste beginnen soll (linkes oberes Eck) und wählen dann *EINFÜGEN - Namen* und im Untermenü: *Einfügen ...*

Klicken Sie im Dialogfenster „Namen einfügen" auf die Schaltfläche *„Liste einfügen"*. EXCEL fügt eine zwei- oder vierspaltige Liste an der markierten Zelle ein:

Spalte 1: alphabetische Liste der Namen (im Beispiel unten: Spalte E); Spalte 2: Bezug (Adresse) in absoluter Schreibweise („=NAMEN !$A$1"). EXCEL generiert zwei zusätzliche Spalten, wenn diese Funktion in einer **Makrovorlage** aufgerufen wird: Spalte 3: Herkunftscode 1 = benutzerdefinierte Funktion, 2 = Befehlsmakro und 0 = sonstig; Spalte 4: zugeordnete Tastenkombination zum Aufruf des Befehlsmakros (Herkunftscode 2).

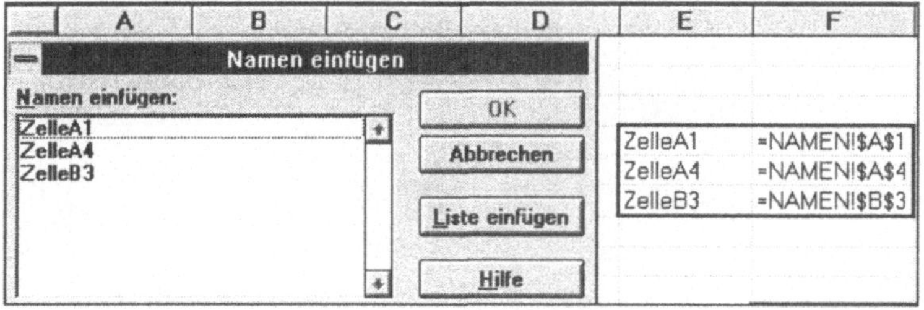

Nach dem Einfügen bleibt die gesamte Namensliste noch markiert. Das können Sie gleich nutzen, um die Namensliste in ein getrenntes Dokumentationsblatt zu übertragen (Ausschneiden - in die Doku-Tabelle wechseln - Einfügen). Damit ist diese Liste im Original nicht im Weg, und Sie erhalten einen guten Wegweiser ohne großen Aufwand, besonders, wenn Sie ein System von mehreren (verknüpften) Tabellen erstellt haben.

Schnellzugang zu benannten Zell(bereich)en: Links neben der Befehlszeile sehen Sie stets den Zellbezug oder den Zellnamen. Klicken Sie auf den Pfeil, klappt er ein Auswahlfenster mit den definierten Namen herunter. Klicken Sie auf den Namen, um direkt dorthin zu springen (entspricht der Funktion „GEHE ZU").

36 Namen: übernehmen und umbenennen

Sie möchten sich das Zuordnen von Namen an einzelne Zellen oder Zellbereiche vereinfachen.

EXCEL bietet Ihnen zwei Unterstützungen:

(a) das Übernehmen von Texten in angrenzenden Zellen als Name für einzelne Zellen und

(b) das Umbenennen von bestehenden Namen.

Namen übernehemen

Sie haben Werte in den angrenzenden Zellen beschriftet, im Beispiel unten „Rechnung" für die nachfolgenden Zellen der Spalte C, „Summe netto", „MWSt" und „GESAMT" für die jeweils rechts danebenliegenden Zellen. Markieren Sie nun den gesamten Bereich (im Beispiel B27 bis C33) und wählen Sie *EINFÜGEN - Namen - Übernehemen ....* Im Kasten „Namen aus" des gleichnamigen Dialogfensters (Bild unten rechts) geben Sie EXCEL bekannt, woher es den Text für die Namen nehmen soll; hier „Rechnung" aus der obersten Zeile und die anderen aus der linken Spalte. In den Zeilen 35ff sehen Sie das Ergebnis aus der automatisierten Benennung. Leerzeichen, wie jenes zwischen „Summe" und „netto" ersetzt EXCEL durch einen Unterstreichungsstrich.

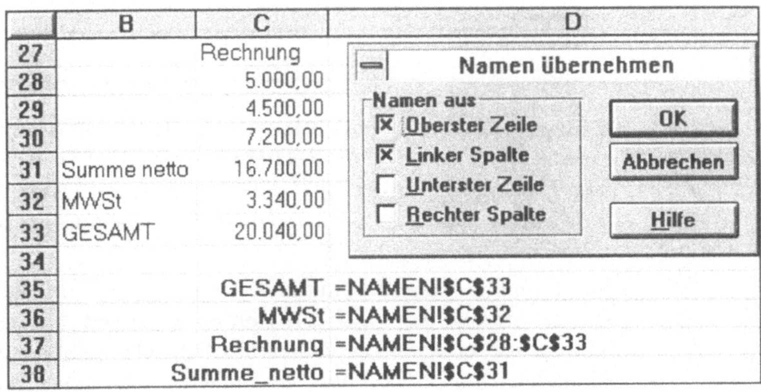

Namen umbenennen

Diese Operation besteht aus zwei Schritten: (1) Lassen Sie sich mit [Strg] + [F3] das Dialogfenster „Namen festlegen" anzeigen und klicken Sie den zu ändernden Namen an (im Beispiel unten: „Rechnung"). Er erscheint daraufhin in der Eingabezeile über der Liste; nun können Sie die Änderung durch Überschreiben oder, wie im Beispiel, durch Anfügen vornehmen. Währenddessen bleibt die Zuordnung (im Eingabefeld „Zugeordnet zu") unverändert. Bestätigen Sie die Änderung mit „*Hinzufügen*". (2) Löschen Sie nun den alten Namen mit „*Löschen*".

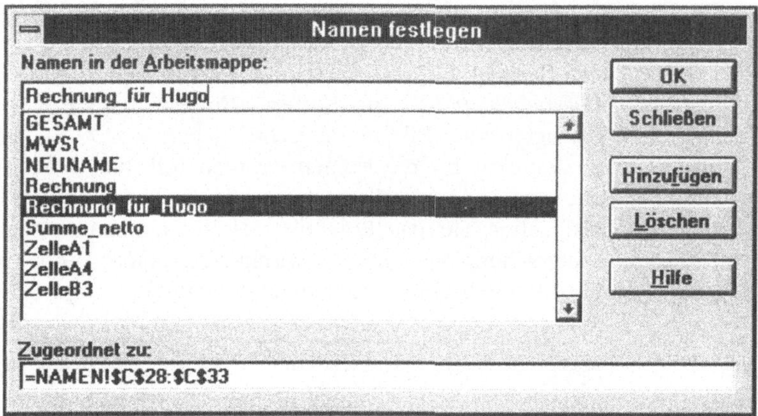

Gültigkeitsbereich von Namen: Ein in einem Mappenblatt definierter Name ist in allen Rechenblättern der Arbeitsmappe verfügbar. Dafür sorgt die Angabe des Blattnamens (dessen Eindeutigkeit von EXCEL erzwungen wird) vor dem Zellbezug. Im Beispiel oben „NAMEN".

Sie können Namensdefinitionen vorbereiten, um sie bei Bedarf durch Umbenennen wirksam werden zu lassen. Sie definieren z.B. fünf Druckbereiche, „Druckbereich1" bis „Druckbereich5". Vor dem aktuellen Drucken löschen Sie einfach die Nummer, so daß EXCEL den speziellen Namen „Druckbereich" als Bezug für die auszugebenden Zellen Ihrer Tabelle interpretiert.

37 Namen: Zellen(bereiche) benennen

In einer Tabelle gibt es Zellen oder Bereiche, auf die sich Formeln immer wieder beziehen und die auch schon wegen der besseren Verständlichkeit einen sprechenden Namen erhalten sollen.

Wählen Sie *EINFÜGEN - Namen* und im Untermenü *Festlegen* ... - Es erscheint das Dialogfenster „Namen festlegen“, der Cursor steht bereits im Eingabefeld für den Namen; geben Sie dort den gewünschten Namen ein.

Aus dem Beispiel unten ersehen Sie, daß EXCEL auch einen Zellinhalt (hier: Text in der Zelle A28) als Benennungsvorschlag für die markierten Zellen in das Eingabefeld übernehmen kann.

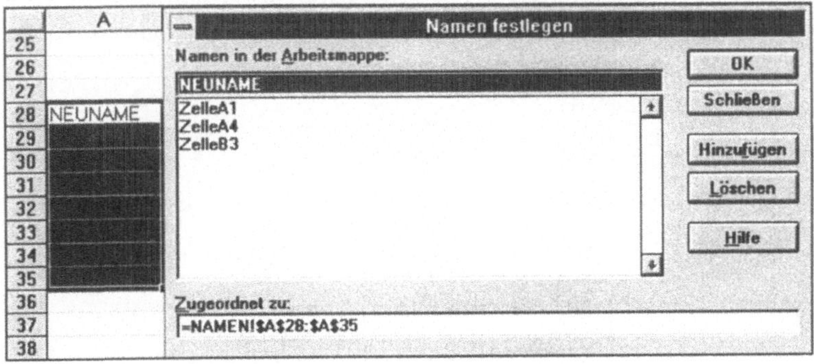

Im Feld „Zugeordnet zu:“, ganz unten, ist automatisch der absolute Bezug („$“) eingetragen, der jedoch änderbar ist.

Die Tastenkombination Strg + F3 bietet Ihnen einen Schnellzugang zum Dialogfenster "Namen festlegen".

Ihr Rechenblatt enthält bereits eine Menge von Formeln, die die Inhalte verstreuter Zellen verarbeiten und miteinander stark verwoben sind. Zudem sind die Zellen mit Formeln so über das Rechenblatt verstreut, daß nicht alles gleichzeitig auf dem Bildschirm paßt. Um den Überblick zu bewahren und zur Fehlersuche soll EXCEL Ihnen helfen.

Neu in der Version 5 ist die Funktion des „Detektiv". Er zeigt Ihnen die Zusammenhänge direkt auf Ihrem Rechenblatt graphisch durch Pfeile. Anhand der in den Formeln enthaltenen Zellbezüge erkennt EXCEL die **vorrangigen** und **abhängigen** Zellen und weist auf sie hin; eine Funktionalität, die im Prinzip bereits früher im Info-Fenster (siehe weiter hinten) bestanden hat. Im Beispiel unten sehen Sie ein mit dem Detektiv aufgedecktes Beziehungsgeflecht (Pfeile und Rahmen):

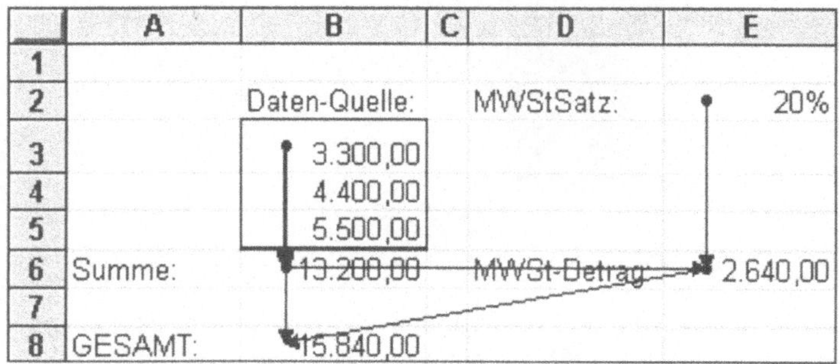

	A	B	C	D	E
1					
2		Daten-Quelle:		MWStSatz:	20%
3		3.300,00			
4		4.400,00			
5		5.500,00			
6	Summe:	13.200,00		MWSt-Betrag:	2.640,00
7					
8	GESAMT:	15.840,00			

Beziehungen sichtbar machen

Ausgehend von der Zelle B8 (mit der Formel „=B6+E6") können Sie über die beiden Zellen B6 (Formel: „=SUMME(B3:B5)") und E6 (Formel: „=B6*MWStSatz") den Verarbeitungsfluß bis zur Quelle zurückverfolgen („Spur zum Vorgänger"). Analog können Sie die umgekehrte Richtung verfolgen, hin zum Endergebnis („Spur zum Nachfolger").

38 Der Detektiv (Fortsetzung)

Spur zum Vorgänger
Spur zum Nachfolger
Spur zum Fehler
Alle Spuren entfernen
✓Detektiv-Symbolleiste

Handhabung: Wählen Sie *EXTRAS* - *Detektiv* - *Detektiv-Symbolleiste* (Untermenü siehe Bild rechts). EXCEL bringt die nötigen Funktionssymbole auf den Bildschirm. Klicken Sie auf eine Zelle mit einer Formel (im Beispiel oben z.B. auf B8). Das erste rechts gezeigte Symbol (+) legt Ihnen die „**Spur zum Vorgänger**"; das andere (-) löscht sie wieder. Die umgekehrte Richtung, „**Spur zum Nachfolger**", erhalten Sie, wenn Sie auf das „Schwestersymbol" (rechts, das erste) klicken. In beiden Fällen bleibt der Inhalt Ihres Rechenblattes unverändert. Zwischen der Zelle B8 und den Zellen B6 und E6 zeigen Pfeile an, daß die Inhalte von B6 und E6 in B8 zusammenfließen (die Pfeilspitzen weisen auf B8).

Bewegen Sie den Cursor auf eine der Verbindungslinien, so daß er zum Pfeil wird, und klicken Sie doppelt auf die Linie, dann springt der Cursor zwischen den beiden Zellen an den Pfeilenden hin und her. So können Sie sich schrittweise weitere Abhängigkeiten anzeigen lassen.

Unterstützung bei der Fehlersuche

Die geraffte Darstellung unten zeigt eine Fehlersituation; Sie z.B. stellen fest, daß am Schluß einer längeren, über das ganze Blatt verstreuten Berechnung ein Problem (hier: ein unbekannter Name) aufgetreten ist. Die Ursache dafür muß nicht immer in der letzten Formel (hier in E13) liegen. Gehen Sie zur Zelle E13 und klicken Sie auf das Symbol „**Spur zum Fehler**".

EXCEL zeigt Pfeile in zwei Farben: rot (Standard) von der aktuellen Zelle bis zur Zelle mit dem Fehler (im Beispiel unten: E9) und blau (Standard) von dort noch einen Schritt zurück zu jenen Zellen, deren Rechenergebnisse in der fehlerhaften Formel zusammenlaufen (unten: B8). Damit haben Sie sofort einen gezielten Hinweis auf die Fehlerquelle (hier z.B. ein falsch geschriebener oder noch nicht definierter Name).

	A	B	C	D	E
6	Summe:	13.200,00		MWSt-Betrag:	2.640,00
7					
8	GESAMT:	15.840,00			
9				darin MWSt:	#NAME?
10					
11				Vorsteuer:	-3.000,00
12					
13				SALDO:	#NAME?

Verfolgen über ein Rechenblatt hinaus

Sie können auch Verknüpfungen über die Grenze eines Rechenblattes hinweg verfolgen („**externe Bezüge**"). Gehen Sie zu der jeweiligen Zelle und lassen Sie sich die Spur zum Vorgänger legen. EXCEL blendet dann ein Tabellensymbol ein, das mit der aktuellen Zelle über eine gestrichelte Linie verbunden ist.

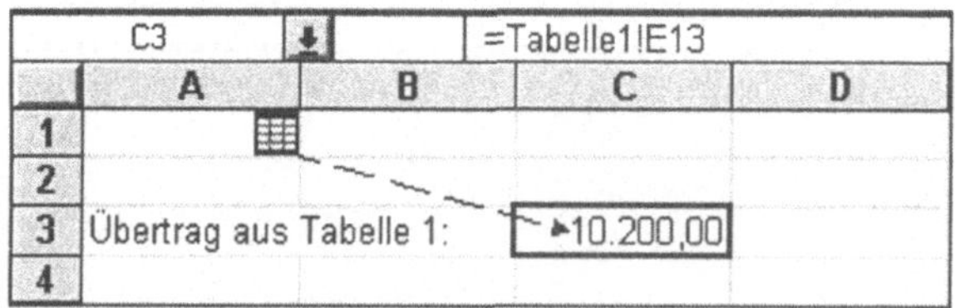

Klicken Sie die Linie doppelt an, und EXCEL öffnet das Dialogfenster „Gehe zu", das Sie zu einer der Quellen weiterleitet (Bild rechts).

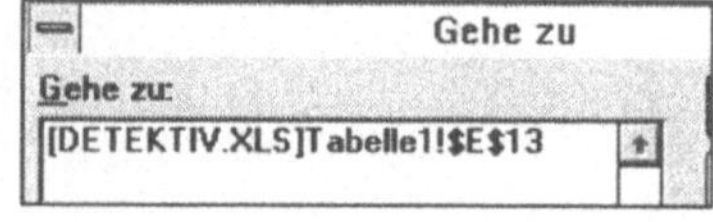

39 Die Fenster ein- und ausblenden

Sie bearbeiten mehrere Tabellen(fenster) gleichzeitig, seien es einzelne oder durch die „Arbeitsmappe“ zusammengefaßte. Das kann rasch unübersichtlich werden. Ein ständiges Öffnen und Schließen einzelner Fenster ist umständlich und unzweckmäßig.

Die komfortable Lösung bietet die Funktion des Aus- und Einblendens einzelner Fenster. Wählen Sie *FENSTER - Ausblenden*: das aktive Fenster wird nicht mehr gezeigt, bleibt jedoch inhaltlich unverändert verfügbar.

Mit *FENSTER - Einblenden ...*: schlagen Sie ein Hilfsmenü mit den ausgeblendeten Fenstern zur Auswahl auf, und Sie können wie gewohnt auswählen.

Wenn Sie alle Fenster ausgeblendet haben sollten, dann zeigt die Hauptmenüleiste nur mehr die Punkte „Datei“ und „?“ (Hilfe). Dennoch ist die Funktion Einblenden zugänglich: wählen Sie *DATEI - Einblenden ...*: dort finden Sie den Befehl *Einfügen ...* .

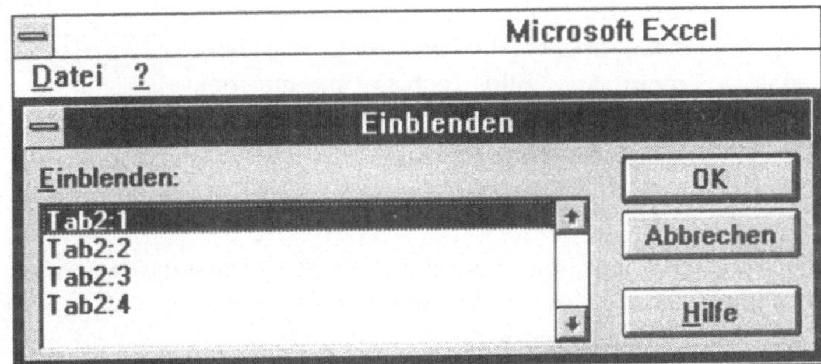

40 Die Formeln anzeigen

Sie haben in Ihrem Rechenblatt in eine Reihe von Zellen Formeln eingegeben und wollen sich einen Überblick verschaffen. In der Standardanzeige erscheint in der Befehlszeile nur die Formel der Zelle, auf der sich der Cursor gerade befindet.

EXCEL bietet Ihnen zwei Darstellungsformen, die gewohnte, die die Berechnungsergebnisse zeigt, und die Formeldarstellung (die übrigens für die Makrovorlage Standard ist).

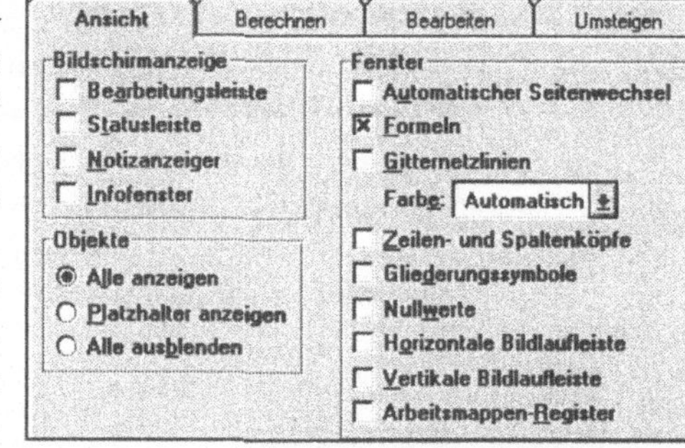

Wählen Sie *EXTRAS - Optionen* .... In der Dialogkarte „Ansicht" finden Sie im Auswahlkasten „Fenster" die Option „Formeln".

Klicken Sie *„Formeln"* an; das Kästchen ist angekreuzt. EXCEL stellt nun die Spalten der Tabelle breiter dar und zeigt die Formeln an (Bild rechts). In gleicher Weise gelangen Sie zur gewohnten Wertedarstellung zurück.

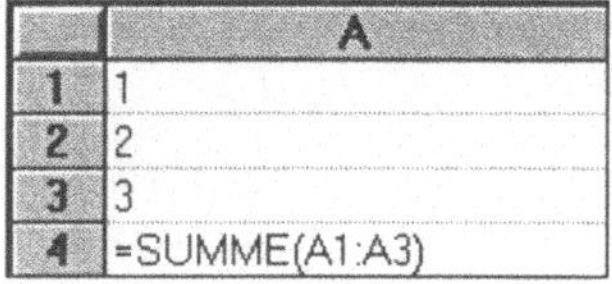

Sie können zwischen diesen Darstellungsformen schnell umschalten, wenn Sie die Tastenkombination Strg + # (Nummernzeichen) benützen.

Beide Darstellungen lassen sich nebeneinander anzeigen, indem Sie für das gleiche Rechenblatt ein zweites Fenster eröffnen (*FENSTER - Neues Fenster*) und dort die Darstellung umschalten.

41 Info-Fenster: Abhängigkeiten anzeigen lassen

Sie haben in Ihrem Rechenblatt in mehrere Zellen Formeln eingegeben und wollen sich einen Überblick verschaffen, in welcher Weise die Berechnungen voneinander abhängig sind.

Das Infofenster bietet Ihnen mit den Anzeigeoptionen „Vorgänger ..." und „Nachfolger ..." ein Instrument, diese Abhängigkeitsketten aufzeigen zu lassen. Aktivieren Sie das Infofenster mit *EXTRAS - Optionen ...* - Dialogkarte „Ansicht" - Option „Infofenster".

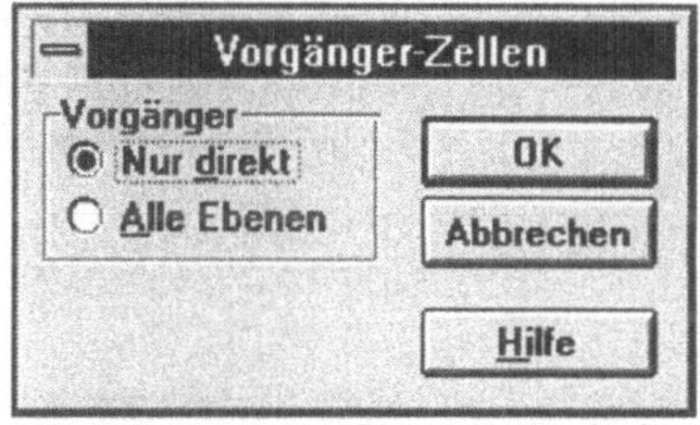

Wählen Sie *INFO - Vorgänger ... - alle Ebenen.* Jede Zelle enthält die Information, woher die Daten kommen, die zu einem Rechenergebnis in der jeweiligen Zelle führen. Diese Datenquellen heißen hier „vorrangig". Klicken Sie ebenso *INFO - Nachfolger ... - alle Ebenen* an. Damit sehen Sie, wohin der Einfluß des Inhalts einer Zelle reicht.

Zelle: A10
Formel: =SUM(A8:A9)
Wert: 1887
Vorgänger: (Alle Ebenen) A8:A9
Nachfolger: (Alle Ebenen) A12

Das Beispiel oben zeigt eine Additionsformel in der Zelle A10; die Summanden sind die Werte in den Zellen A8 und A9. Anschließend wird das Ergebnis von A10 in A12 weiterverarbeitet.

Klicken Sie doppelt auf die Zelle, deren Inhalt von anderen abhängig ist, und der Cursor springt entlang der Verkettung auf die vorrangigen Zellen, bis er am Beginn dieser Kette angelangt ist. Ist das Ergebnis in einer Zelle von einem ganzen Bereich abhängig (z. B. bei einer Summe), so wird dieser gänzlich markiert.

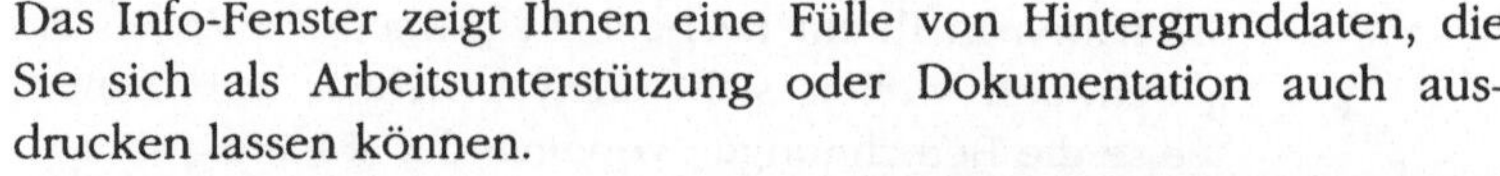

Das Info-Fenster zeigt Ihnen eine Fülle von Hintergrunddaten, die Sie sich als Arbeitsunterstützung oder Dokumentation auch ausdrucken lassen können.

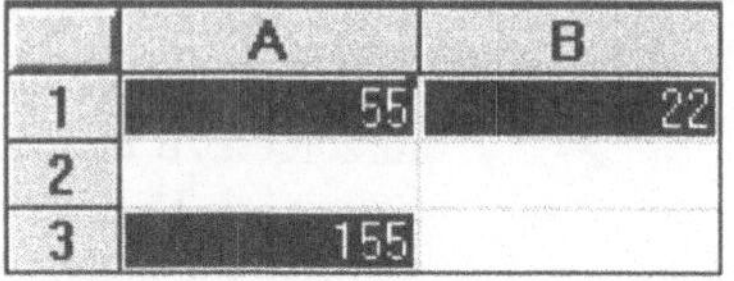

	A	B
1	55	22
2		
3	155	

Stellen Sie den Cursor auf die gewünschte Zelle oder markieren Sie den zu dokumentierenden Bereich (auch - wie hier im Bild - nicht zusammenhängende Zellen durch die Mehrfachauswahl; Strg + anklicken). Lassen Sie sich das Infofenster (gemäß Rezept 43) anzeigen.

Gehen Sie ins Infofenster, wählen Sie *INFO* ... und aktivieren Sie dann die gewünschten Details (z. B. Zelle, Formel, Wert, Format usw.). Starten Sie mit *DATEI - Drucken* ... den Ausdruck. Einen Teil des Ergebnisses sehen Sie auf dem Bild rechts. Durch die Mehrfachauswahl druckt EXCEL nur die ausgewählten Informationen der Zellen A1, B1 und A3.

Zelle: A1
Formel: =B1+C1
Wert: 55
Schutz: Zelle gesperrt
Namen: ZelleA1
Vorrangige: B1:C1
Notiz: Notiz zur Zelle A1

Zelle: B1
Formel: 22
Wert: 22
Schutz: Zelle gesperrt
Namen:
Vorrangige:
Notiz:

Bei dieser Funktion ist die einschränkende Auswahl der im Detail zu zeigenden Zellen sehr wichtig. Zu globales Markieren (z. B. ganze Zeilen oder Spalten) führt zuerst zu einer langen Bearbeitungsdauer durch EXCEL und dann zu einem unbrauchbaren Wust an Druckausgaben. **Kontrollieren** Sie daher das Ergebnis zuerst durch die Funktion „*Seitenansicht*"!

43 Das Info-Fenster öffnen

Hinter dem Zelleninhalt, der angezeigt oder ausgedruckt wird, stekken noch etliche andere Informationen, die EXCEL zwar nicht direkt in der Tabelle darstellt, die für Sie jedoch eine wichtige Orientierung und Hilfe sind.

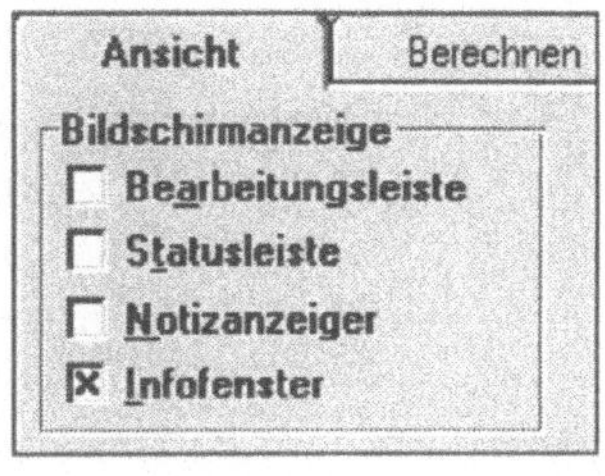

Laden Sie Ihre Tabelle und wählen Sie *EXTRAS - Optionen* .... Holen Sie im Dialogfenster „Optionen" die Dialogkarte „Ansicht" nach vorne; dort finden Sie im Kasten „Bildschirmanzeige" die Option *„Infofenster"*, die Sie anklicken. Auf der Bildschirmarbeitsfläche erscheint ein neues Fenster **„Info"** mit Dateinamen der geladenen Tabelle. Das Info-Fenster läßt sich auch zur Ikone verkleinern.

Sobald Sie das Info-Fenster anklicken, wechselt EXCEL die Menüleiste. Als **Grundeinstellung** im Info-Fenster werden Zellbezug, Formel und Notiz der aktuellen Zelle ihrer Arbeitstabelle gezeigt.

Das Beispiel unten zeigt Ihnen die Möglichkeiten des Info-Fensters: Die Zelle A1 mit dem Namen „ZelleA1" erhält die Werte zum Berechnen der Formel „B1 + C1" von diesen („vorrangigen") Zellen und liefert die Grundlage für die Berechnung in der („nachrangigen") Zelle A3 (= A1 + 100).

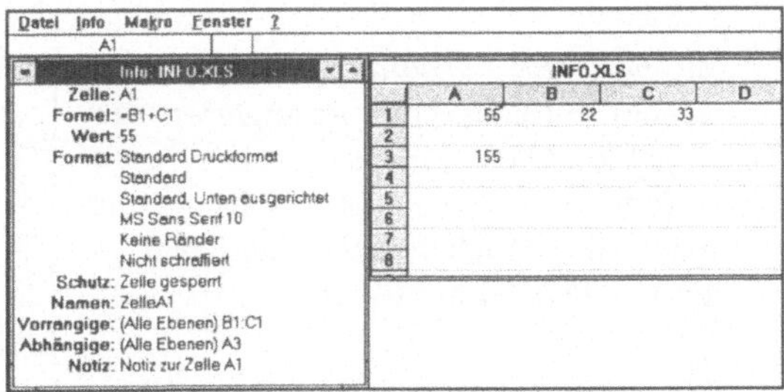

Schnellzugang zum Info-Fenster: Tastenkombination Strg + F2 oder das Symbol „Infofenster anzeigen" aus der Symbolleiste „Detektiv" (Bild rechts).

Sie bearbeiten eine umfangreiche oder komplexe Tabelle und müssen beim Arbeiten oft quer über das Rechenblatt „springen". Dabei reicht Ihnen die Möglichkeit, das Tabellenfenster zu unterteilen, nicht aus.

Sie können sich eine Arbeitsmappe in verschiedenen Ausschnitten nebeneinander bei frei wählbarer Fensterform anzeigen lassen. Außerdem können Sie einzelne Fenster ausblenden (siehe dort).

Zum Einrichten der zusätzlichen Fenster wählen Sie *FENSTER - Neues Fenster.* EXCEL unterscheidet die einzelnen Fenster durch Anhängen einer laufenden Nummer an den Namen der Arbeitsmappe, z. B.: TAB1.XLS:**2**.

Mit *FENSTER - Anordnen ...* erreichen Sie ein automatisches Arrangieren der eingeblendeten Fenster je nach verfügbarem Platz. Das Bild rechts zeigt die Möglichkeiten im Dialogfenster „Fenster anordnen".

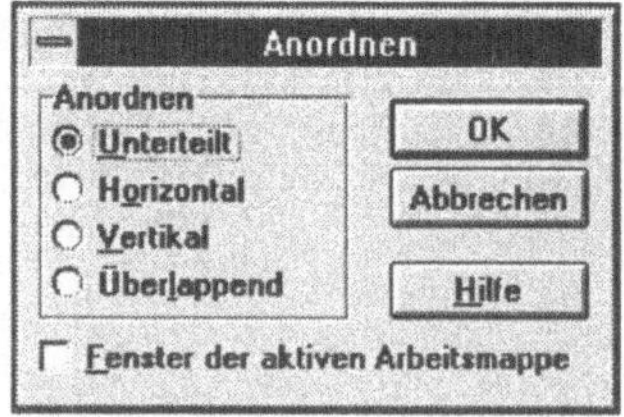

Die Größe der einzelnen Fenster läßt sich unabhängig von den anderen festlegen. In einem dieser Fenster können Sie auch die Formeldarstellung wählen.

45 Die Notizen drucken

Zu jeder Zelle können Sie beliebig Anmerkungen ablegen; sie lassen sich als Arbeitsunterstützung oder Dokumentation ausdrucken.

Wählen Sie *DATEI - Seite einrichten* ..., und holen Sie im gleichnamigen Dialogfenster die Dialogkarte „Tabelle“ in den Vordergrund. Klicken Sie dann im Auswahlbereich „Drucken mit“ die Option „*Notizen*“ an (Bild unten). Wenn Sie bereits mit *DATEI - Drucken* ... ins Dialogfenster „Drucken“ gelangt sind, so können Sie mit der Schaltfläche „*Seite einrichten* ...“ einen gefahrlosen Seitensprung machen.

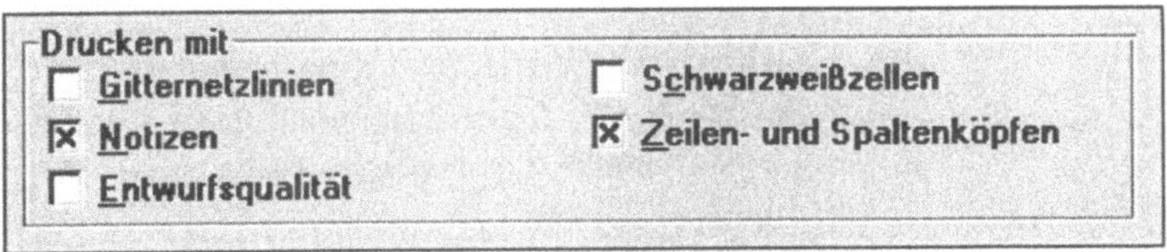

EXCEL stellt beim Ausdruck die Zellbezüge nicht selbsttätig dazu. Dafür müssen Sie selber sorgen, indem Sie in der Dialogkarte „*Tabelle*“ zusätzlich die Option „*Zeilen- und Spaltenköpfe*“ ankreuzen. Sie erhalten dann ein Ergebnis wie im Bild rechts.

Zelle: A1
Notiz: Notiz zur Zelle A1

Zelle: B1
Notiz: Notiz zur Zelle B1

Zelle: A3
Notiz: Notiz zur Zelle A3

Zelle: B6
Notiz: Notiz zur Zelle B6

EXCEL druckt nur jene Zellen (und deren Notizen), die im Druckbereich liegen; **Druckfolge**: Tabelle vor den Notizen. Dennoch ist eine Kontrolle der Ausgabe mit der Funktion „*Seitenansicht*“ empfehlenswert (siehe auch „Drucken aus dem Infofenster“). Aus der Seitenansicht ersehen Sie, auf welche Seiten die Notizen gedruckt werden. Das ermöglicht Ihnen eine gezielte Einschränkung des Ausdrucks (im Dialogfenster „Drucken“, Bereich).

Sie wollen das Rechenblatt, die Vorgangsweise, die Formeln mit Notizen dokumentieren, ohne Handzettel zu verwenden. Texteingaben am Rand des Berechnungsbereichs sind auch ungünstig.

Mit der Notizfunktion können Sie freien Text jeder beliebigen Zelle zuordnen und als Teil der Tabelle speichern. Wählen Sie *EINFÜGEN - Notiz* ... Links oben im Dialogfenster „Notiz" zeigt EXCEL die Position der Zelle. Das Auswahlfenster „Notizen in der Tabelle" und das Eingabefenster „Notiz" sind noch leer.

Klicken Sie in das Eingabefenster *„Textnotiz"* und geben den Text ein. Sie können eine neue Zeile mit [Strg] + [↵] beginnen. Schließen Sie dann die Eingabe mit ***„Einfügen"*** oder *„OK"* ab. Ein roter Punkt rechts oben in der Zelle ist der Hinweis auf die hinterlegte Notiz. Die Tastenkombination [⇧] + [F2] erlaubt Ihnen ein rasches Aufblättern des Fensters „Notiz".

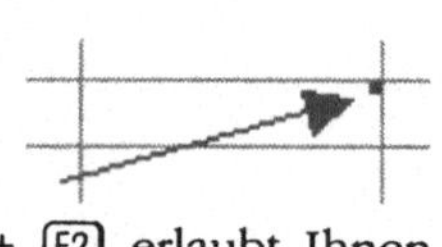

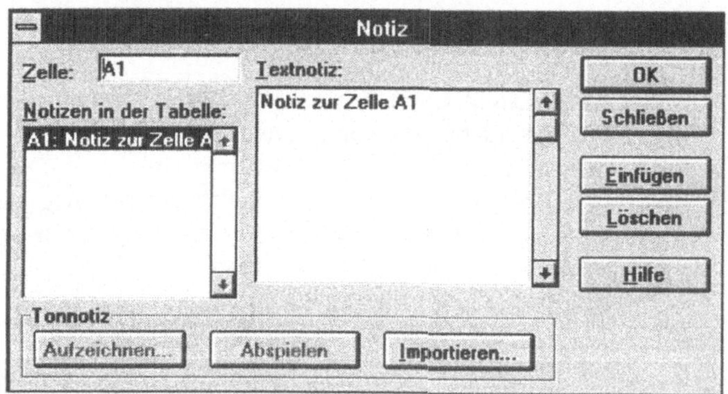

Wenn Sie im Dialogfenster „Notiz" auf *„Einfügen"* klicken, so bestätigen Sie die Eingabe, jedoch ohne das Fenster zu verlassen. Außerdem bleibt der Notiztext auch dann stehen, wenn Sie im Eingebefeld „Zelle" einen neuen Bezug eingeben. Damit können Sie den Text in eine andere Zelle übernehmen und ihn bequem anpassen.

Für den **Schnellzugang** zum oben gezeigten Dialogfenster gibt es auch ein Funktionssymbol (Bild rechts). Sie finden es in der Symbolleiste „Detektiv"

47 Notiz: rasche Texteingabe

Sie wollen mehrere Zellen durch einen Notiztext beschreiben, der sich vielleicht nur geringfügig ändert. Für die wiederholte Eingabe möchten Sie die die Möglichkeiten im Dialogfenster „Notiz“ nutzen.

Stellen Sie den Cursor in die Zelle, die schon den zu kopierenden Text enthält, und blättern Sie das Fenster „Notiz“ durch ⇧ + F2 auf. Markieren Sie den Inhalt im Eingabefeld „Zelle“, und klicken auf jene Zelle, die Sie als nächstes mit einer Notiz versehen wollen. Dieses Eingabefeld ist ein sogenanntes „Bezugsfeld“; die Bildlaufleisten sind aktiv, so daß Sie sich wie gewohnt durch das ganze darunterliegende Rechenblatt bewegen können.

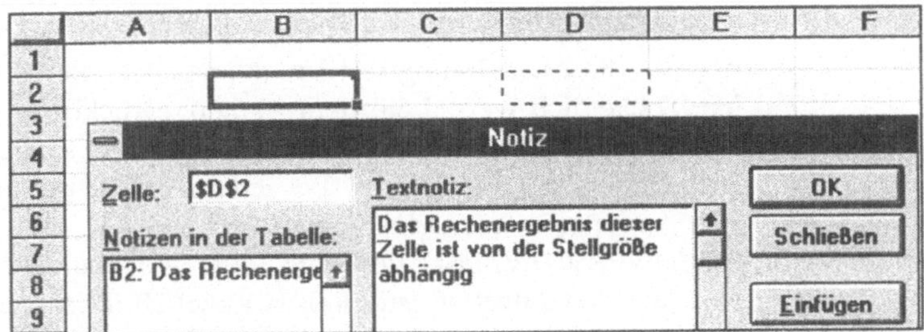

Klicken Sie dann auf die nächste mit einer Notiz zu versehende Zelle in der Tabelle. Dort erscheint der „wandernde“ Rand. EXCEL trägt im Eingabefeld „Zelle“ selbsttätig den Bezug der Zelle in absoluter Schreibweise („$D$2“) ein. Im Eingabefenster „Textnotiz“ ist der Notiztext unverändert stehengeblieben, so daß Sie ihn nur noch anpassen müssen. Nachdem Sie mit „*Einfügen*“ bestätigt haben, ist auch diese Zelle mit dem roten Punkt gekennzeichnet.

Mit der Funktion *BEARBEITEN - Inhalte einfügen ... Notizen* lassen sich Notzien auch über die Zwischenablage frei, auch in eine andere Tabelle, kopieren.

Eine Notiz zu einer Zellengruppe kann nicht erfaßt werden.

Durch die Zuordnung eines Zellbezugs an den Namen „Druckbereich" können Sie die Druckausgabe auf einen Tabellenteil einschränken. Anstelle durch mühsame manuelle Eingabe möchten Sie die Einschränkung frei steuern.

Dazu benötigen Sie eine Funktion, die als Ergebnis einen Bezug (Zellbereich) liefert: **BEREICH.VERSCHIEBEN (Bezug; Zeilen; Spalten; *Höhe*; *Breite*)**. Die einzelnen Parametrer sind im Rezept 84 „Funktion: BEREICH.VERSCHIEBEN()", erklärt.

Rufen Sie mit [Strg] + [F3] das Dialogfenster „Namen festlegen" auf, und definieren Sie folgende Namen: „Links Oben" zeigt auf jene Zelle, bei der der Druckbereich beginnen soll; „DrB_Zeile", „DrB_Spalte", „DrB_Höhe" und „DrB_Breite" sind jene Zellen, in denen Sie die Ausdehnung des Druckbereiches aktuell festlegen wollen. Schließlich weisen Sie dem Namen „Druckbereich" die Formel „=BEREICH.VERSCHIEBEN (LinksOben; DrB_Zeile; DrB_Spalte; DrB_Höhe; DrB_Breite)" zu. Bei jedem Aufruf der Befehle „Drukken" oder „Seitenansicht" berechnet EXCEL die Funktion BEREICH.VERSCHIEBEN() und stellt den Druckbereich entsprechend ein. Aus den Angaben „=BEREICH.VERSCHIEBEN (A1; 0; 0; 77; 5)" erhält der Name Druckbereich den Zellbezug „=$A$1:$E$77" zugewiesen.

Die Eingrenzung des Druckbereichs auf einen Datenbankbereich erreichen Sie durch die Formel „=BEREICH.VERSCHIEBEN (Datenbank; 0; 0)". Hier entnimmt EXCEL Höhe und Breite der Ausdehnung des Bereichs „Datenbank".

Mit einer kleinen Erweiterung dieser Formel drucken Sie z.B. nur die fünfte Spalte der Datenbank: „=BEREICH.VERSCHIEBEN (INDEX (Datenbank;0;5); 0; 0;)". Durch die Angabe „Null Zeilen" in der Funktion INDEX werden alle Zeilen des Bereichs Datenbank angesprochen (siehe Rezept 84).

Sie können die oben angeführten Formeln zur Dokumentation in einem nicht verwendeten Tabellenteil als Text (angeführt von einem Apostroph ' , da EXCEL sonst versucht, den Ausdruck zu berechnen) in eine Zelle stellen und diesen Text (ohne Apostroph) mit der Kopierfunktion in die Eingabezeile „Zugeordnet zu" übertragen. Das erleichtert bei längeren Formeln das Ausbessern und den Überblick.

49 Der Druckbereich und -titel

In der Grundeinstellung druckt EXCEL das gesamte Rechenblatt bis zu jener Zeile und Spalte, in der noch eine Zelle mit einem Inhalt ist. Sie wollen jedoch den Druckbereich individuell eingrenzen und seitenweise fixe Kopfzeilen und -spalten festlegen.

Wählen Sie *DATEI - Seite einrichten ....*, Dialogkarte „Tabelle". Klicken Sie in das Eingabefeld „Druckbereich", und markieren Sie die zu druckenden Zellen auf dem darunterliegenden Rechenblatt. In gleicher Weise verfahren Sie beim Festlegen jener Zeilen und Spalten, die auch auf der zweiten und allen weiteren Seiten fix aufscheinen sollen („Drucktitel").

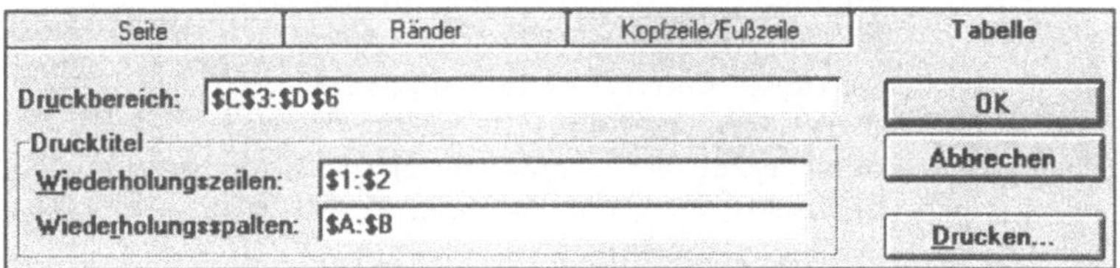

Im Beispiel oben sind die Zeilen eins und zwei sowie die Spalten A und B der „**Drucktitel**". Der „**Druckbereich**" umfaßt die Zellen C3 bis D6. Zeilen oder Spalten, die in beiden Bereichen enthalten sind, werden nicht doppelt gedruckt (auf der ersten Seite - im Gegensatz zur Version 4). Alle Bereichseinträge sind voneinander unabhängig bestimmbar. Sobald Sie einen Druckbereich festgelegt haben, erscheint dieser Bereich durch eine gestrichelte, durchgehende Linie eingegrenzt (die allerdings durch Rahmenformatierungen überdeckt werden können), wie das Bild rechts zeigt.

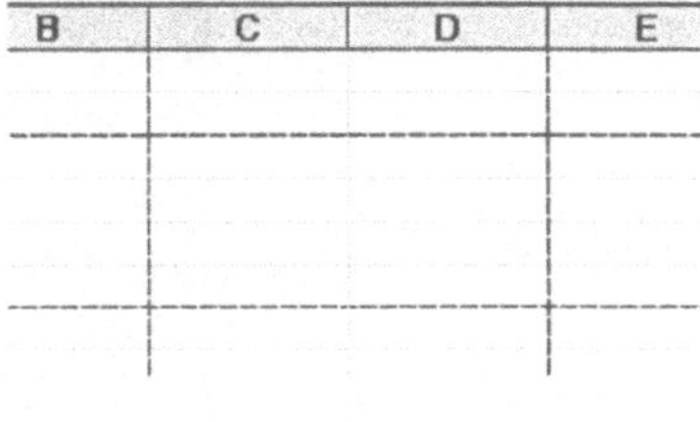

Zugleich mit dem Einrichten der Bereiche „Drucktitel" und „Druckbereich" definiert EXCEL gleichlautende Namen mit den entsprechenden Zellbezügen.

50 Den Druckbereich rasch ändern

In der Seitendefinition („Seite festlegen") können Sie zu einem Zeitpunkt nur einen Druckbereichfestlegen. Sie wollen sich jedoch verschiedene Bereiche definieren, um sie bei Bedarf ohne den Aufwand des Markierens rasch auszudrucken.

Da EXCEL für den „Druckbereich" die zu druckenden Zellen über den gleichlautenden Namen anspricht, ergibt sich daraus eine bequeme Manipulationsmöglichkeit. Rufen Sie mit der Tastenkombination [Strg] + [F3] das Dialogfenster „Namen festlegen" auf, und definieren Sie sich unter einem frei wählbaren, sprechenden Namen alle jene Bereiche (durch Markieren oder Eintragen), die Sie fallweise für den Druck auswählen möchten. Damit Sie diese Namen in einer möglicherweise sehr großen Liste rasch finden, lassen Sie sie alle mit „Druck" beginnen, wie das Beispiel rechts zeigt.

Namen in der Arbeitsmappe:

Druckbereich

DRUCK1!Druckbereich
DruckEusebia
DruckHugo
DruckLupo
DRUCK1!DruckStandard
DRUCK1!Drucktitel

Nun müssen Sie nur noch in diesem Dialogfenster den vordefinierten Namen abändern. Klicken Sie dazu auf den Namen des Bereichs, der gedruckt werden soll; er erscheint dann in der Eingabezeile ganz oben. Bessern Sie ihn aus: aus „DruckEusebia" wird dann „Druckbereich". Verlassen Sie das Dialogfenster mit OK und starten Sie den Druck. Der ursprüngliche Name bleibt erhalten, der alte Bezug für „Druckbereich" wird überschrieben. Wenn Sie die Einschränkung auf den Druckbereich überhaupt aufheben wollen, löschen Sie einfach den Namen aus der Liste.

Für verschiedene Drucktitel können Sie analog vorgehen.

Dieser Trick läßt sich auch in der Makroprogrammierung anwenden; die Formel heißt dann: =NAMEN.FESTLEGEN („Druckbereich"; NAMEN.ZUORDNEN („!DruckEusebia")).

51 Drucken: einen Bericht zusammenstellen

Sie haben ein umfangreiches Rechenblatt erstellt und möchten einzelne Teile daraus in einer bestimmten Reihenfolge drucken, ohne die Druckbereiche jedes Mal neu definieren zu müssen.

EXCEL bietet Ihnen mit der Funktion **Bericht drucken** die Möglichkeit, verschiedene Bereiche eines oder mehrerer Rechenblätter in einer frei wählbaren Reihenfolge, auch mit fortlaufender Seitennummer, ausgeben zu lassen. Wählen Sie *DATEI - Bericht drucken* .... Es erscheint das gleichnamige Dialogfenster (Bild rechts), in dem bereits gespeicherte Berichte aufscheinen.

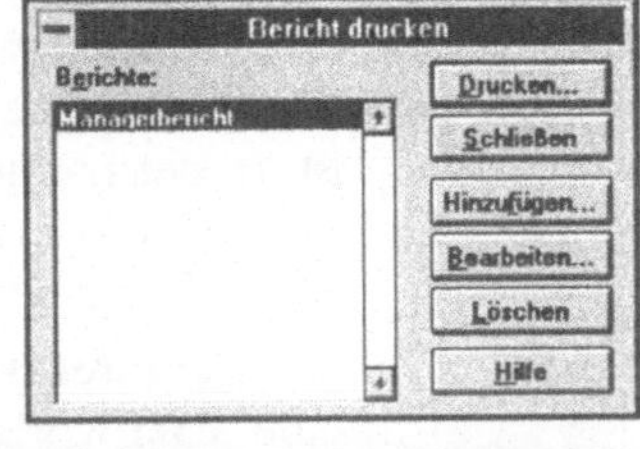

Mit *„Hinzufügen“* oder *„Bearbeiten“* gelangen Sie in das nächste Dialogfenster. Definieren Sie darin, welches Blatt der Arbeitsmappe Sie ansprechen wollen, welche (vorher definierte) Ansicht (siehe „Ansichten-Manager“) gezeigt oder welches Szenario für die Berechnungen (siehe „Szenario-Manager“) durchgeführt werden soll. Im Fenster „Bereiche dieses Berichts“ erscheinen Ihre Einträge, die Sie dann nachträglich noch umordnen können.

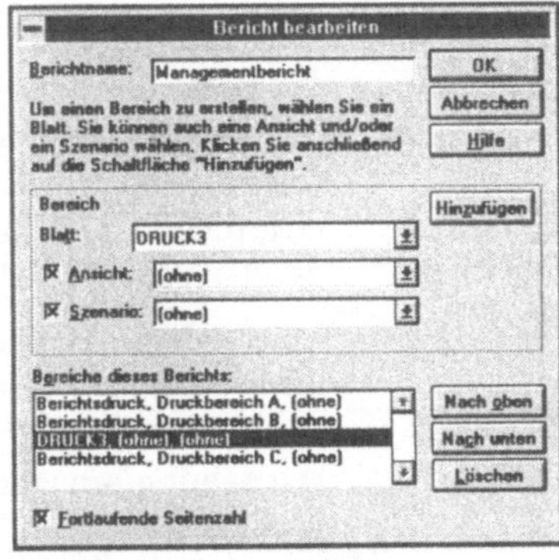

Im Beispiel oben besteht der Bericht aus zwei Bereichen des Rechenblattes „Berichtsdruck“, gefolgt vom Blatt „Druck3“ und einem weiteren Teil des erstgenannten Blattes. Der Eintrag „DRUCK3, (ohne), (ohne)“ bedeutet, daß für den aktuellen Bericht „Managementbericht“ für das Blatt „Druck3“ weder eine Ansicht noch ein Szenario ausgewählt wurde. Bestätigen Sie die Einstellungen und wählen Sie im ersten Fenster *„Drucken“*.

EXCEL läßt Ihnen die Wahl zwischen einer Werte- und einer Formeldarstellung einer Tabelle (egal, ob Kalkulationsblatt oder Makrovorlage). Im Zuge einer Entwicklungsarbeit wollen Sie die in der Tabelle enthaltenen Formeln ausdrucken lassen.

Mit der Tastenkombination [Strg] + [#] (Nummernzeichen) können Sie schnell zwischen diesen Darstellungen umschalten. EXCEL druckt stets die Anzeigevariante, die auf dem Bildschirm zu sehen ist. In der Formeldarstellung wird die Spaltenbreite erhöht, um mehr Text anzeigen zu können. Daher wird die Tabelle je nach Größe auf mehrere nebeneinanderliegende Seiten verteilt.

Die **Grundeinstellung** für eine Tabelle ist die Wertedarstellung; für eine Makrovorlage die Formeldarstellung.

EXCEL verbreitert die Spalten automatisch, ohne daß dadurch Ihre gewählte Einstellung verändert wird. Dies kann jedoch für umfangreichere Formeln zu wenig sein, so daß Sie nur den Anfang sehen. Lassen Sie sich die Tabelle in der Formeldarstellung zur Übersicht ausdrucken, und mit Hilfe des Info-Fensters gezielt die Zellen, die Sie detailliert betrachten wollen.

Jede Tabelle läßt sich in mehreren Fenstern darstellen, so daß Sie auch beide Ansichten gleichzeitig am Bildschirm haben können. Beim Abspeichern bleibt die Information über die zuletzt gewählte Darstellung erhalten.

Makrovorlagen werden stets im ersten Fenster in der Formeldarstellung ausgeführt; daher ist es handlicher, das zweite Fenster auf die Wertedarstellung umzuschalten.

53 Drucken: Listenkopf und Spaltentitel

Ihre Tabelle ist zweigeteilt: Ein Tabellentitel mit einleitendem Text steht am Beginn, gefolgt vom Datenteil über mehrere Seiten hinweg. Die Spalten sollen mit einer Kopfleiste versehen sein, auf der ersten Seite jedoch erst nach dem einleitenden Text. Weiterhin stehen in der Spalte A die Titel für die Zeilen.

Bauen Sie Ihre Tabelle so auf, wie es unten das Bild gezeigt. Geben Sie die erwünschten Spaltentitel in die Zeile nach dem einleitenden Text ein (unten Zeile 3).

Definieren Sie, falls erforderlich, den gewünschten Druchbereich; als Drucktitel legen Sie die Zeile drei und die Spalte A fest (siehe vorangehende Rezepte).

	A	B	C	D	E	F
1		ÜBERSCHRIFT				
2		Listenkopf mit vorlaufendem Text zur Erläuterung usw. ...				
3		**Spalten-titel B**	**Spalten-titel C**	**Spalten-titel D**	**Spalten-titel E**	
4	Zeilentitel 1	B1			E1	
5	Zeilentitel 2	B2			E2	

Beachten Sie, daß der Bereich „Drucktitel" ein zusammenhängender Bereich (angrenzende Spalten und Zeilen) sein muß. Wenn Sie eine Zeile oder Spalte daraus ausblenden, so wird diese auf keiner Seite angedruckt.

Benützen Sie *DATEI - Seitenansicht* zur Ergebniskontrolle (zurück zur Tabelle mit *Schließen*).

Diagramm: Achsen und Skalierung änderen

Sie haben ein Diagramm erstellt und wollen nachträglich einzelne Einstellungen ändern. So sind z.B. zwei Diagramme so aufeinander abzustimmen, damit die Kurvenverläufe optisch besser vergleichbar sind.

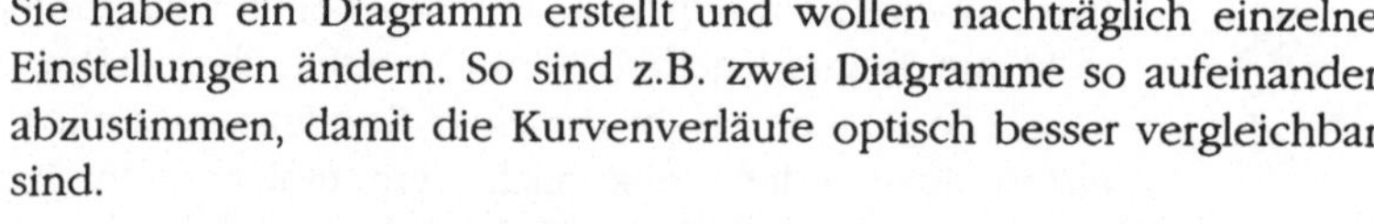

Wechseln Sie in das Diagrammblatt der Arbeitsmappe oder klicken Sie - falls das Diagramm auf einem Rechenblatt liegt - doppelt auf die Diagrammfläche, um in das Diagrammfenster zu wechseln. Klicken Sie mit der **rechten Maustaste** auf die zu verändernde Achse im Diagrammfenster; dadurch erhalten Sie ein Untermenü (Bild). Wählen Sie darin *Achsen formatieren* ... . Es erscheint das gleichnamige Dialogfenster (ein doppeltes Anklicken führt direkt in dieses Dialogfenster).

Das Bild unten zeigt die Einstellmöglichkeiten für die Diagrammachsen in der Dialogkarte „Muster"; jene für „Skalierung" siehe nächste Seite.

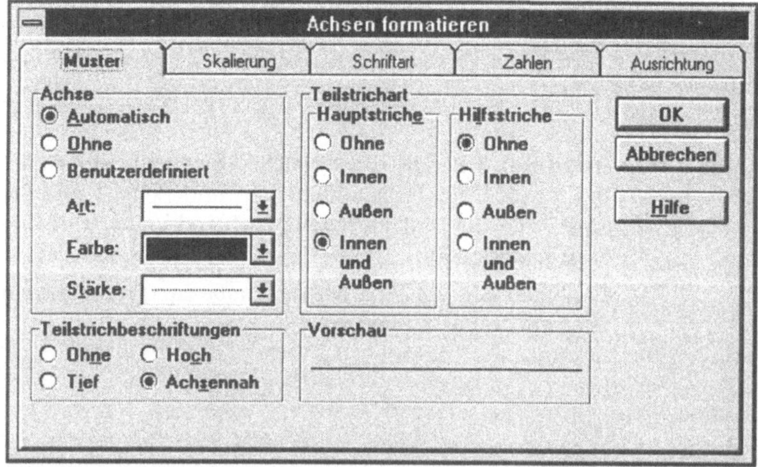

Als **Rubrikenachse** wird die waagrechte X-Achse bezeichnet, als **Größenachse** die senkrechte Y-Achse.

Je nachdem, welche Achse Sie angeklickt haben, erscheinen in der Dialogkarte „Skalierung“ die Einstellmöglichkeiten für die X-Achse („Rubrikenachse“; nachfolgendes Bild) oder jene für die Y-Achse („Größenachse“).

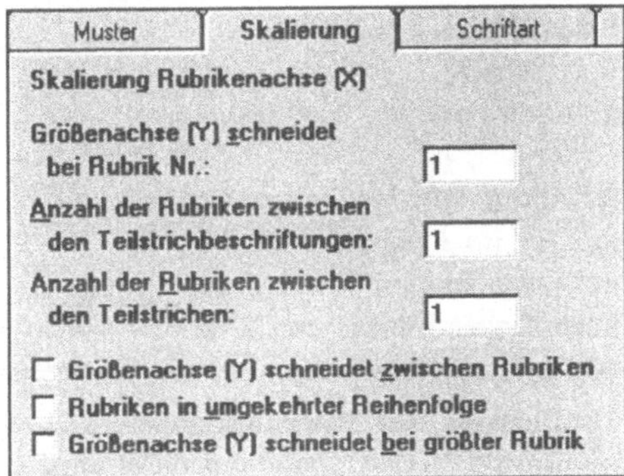

Mit den Angaben für die Y-Achse (so z. B. durch die Vorgabe von „Kleinstwert“ und „Höchstwert“) übersteuern Sie die automatische Anpassung aller Kurvenverläufe des Diagramms an die extremen Y-Werte der Datenreihen. Durch Ankreuzen der Option „Automatisch“ können Sie sofort zur Standardeinstellung zurückkehren.

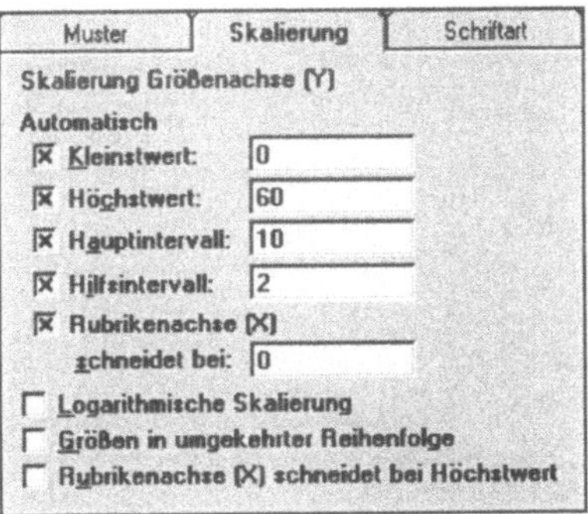

Das **Verbunddiagramm** hat zwei Y-Achsen, die getrennt voneinander formatierbar sind.

Für spezielle Darstellungen wollen Sie die Lage der X- oder Y-Achse im Diagramm verändern.

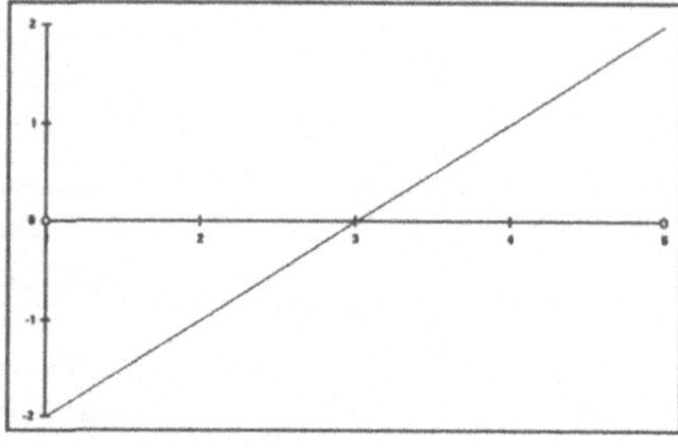

Im Beispiel hier sind auf der waagrechten X-Achse sind die Rubriken 1, 2, 3, 4 und 5 aufgetragen; auf der Y-Achse die Größen 2, 1, 0, -1 und -2. Die Rubriken werden - ungeachtet des im Diagramm tatsächlich angezeigten Wertes oder ihrer Bezeichnung, mit 1 beginnend, von links nach rechts durchgezählt (Standarddarstellung).

Skalierung der Rubrikenachse (X): Größenachse (Y) schneidet bei Rubrik Nr. 3 (Parallelverschiebung).

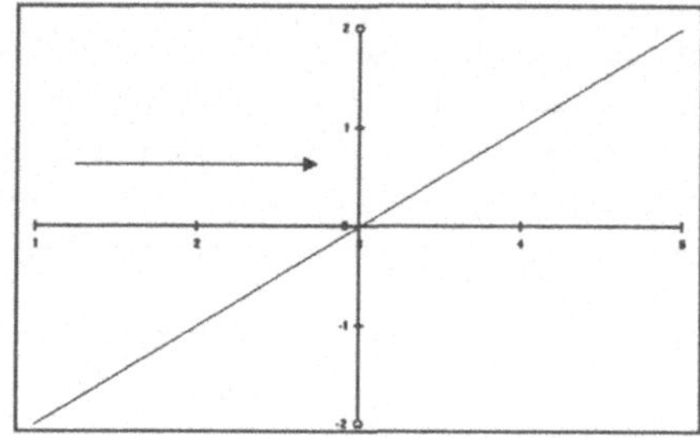

Größenachse (Y) schneidet bei größter (=letzte, nicht wertmäßig) Rubrik.

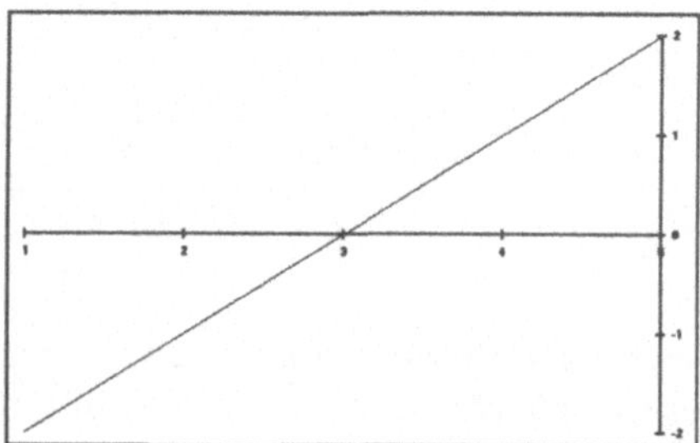

55 Diagramm: die Achsen (Fortsetzung)

Größenachse (Y) schneidet **zwischen** Rubriken: Pfeil A zeigt die Position der Rubrik 1; die Y-Achse ist um eine halbe Rubrik nach links verschoben (Pfeil B; Position „-0,5").

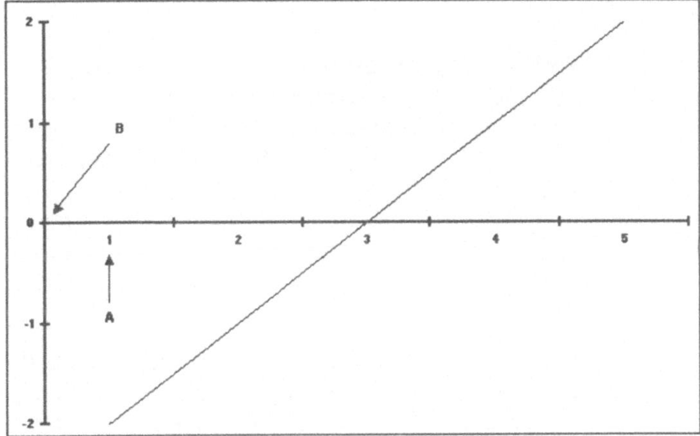

Rubriken in umgekehrter Reihenfolge: Die Graphik wird gespiegelt: aus rechts wird links.

Skalierung der Größenachse (Y): analog wie oben, es wird die X-Achse entsprechend verschoben (ein Schnittpunkt zwischen den Größen ist mit Wahl der Option „Rubrikenachse (X) schneidet bei <wertangabe>" einstellbar).

Sie haben ein Diagramm erstellt und wollen einzelne Änderungen vornehmen, ohne jedoch das Diagramm gänzlich neu aufzubauen, In diesem Falle ginge die gesamte bisherige Gestaltung des Diagramms verloren.

Wechsel des Diagrammtyps: Sie können den Typ eines ganzen Diagramms, z.B. von der Linien- zur Säulendarstellung, in einem Schritt ändern. Gehen Sie in das Diagramm und wählen Sie *FORMAT - AutoFormat* .... EXCEL zeigt Ihnen im Auswahlfenster alle verfügbaren Typen (Bild rechts). Nach dem Bestätigen der Auswahl formt EXCEL das gesamte Diagramm selbsttätig um.

Diagramm mit **gemischten Typen**: Im Standardfall werden alle Datenreihen einheitlich im gewählten Diagrammtyp dargestellt. Sie können jedoch eine Reihe durch eine andere Datstellung herausheben, indem Sie diese Kurve mit der rechten Maustaste anklicken und im Untermenü *„Diagrammtyp ...“* wählen. Im gleichnamigen Dialogfenster können Sie zudem wählen, auf welche Kurven(-gruppen) die Änderung anzuwenden ist (Optionenkästchen „Anwenden“ links oben). Das Beispiel rechts zeigt ein Diagramm mit einer Linien- und einer Kreisdarstellung.

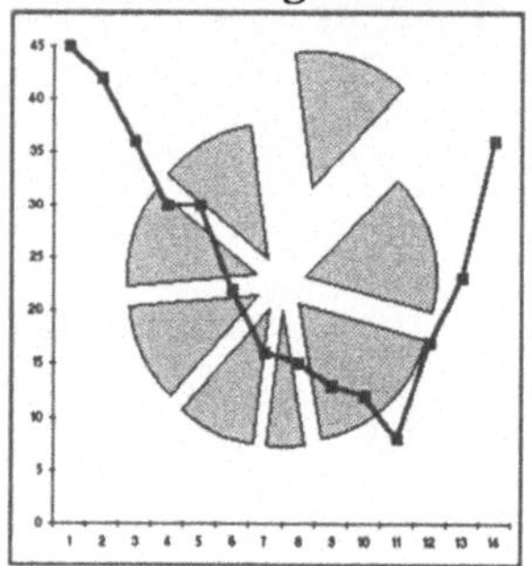

Bei Säulen- und Balkendiagrammen kann es erforderlich sein, die **Reihenfolge** der Darstellung zu **ändern**. Klicken Sie eine Datenreihe aus der Gruppe mit der rechten Maustaste an und wählen Sie im Untermenü *„Säulengruppe formatieren ...“* (die Bezeichnung der Gruppe wechselt mit dem Diagrammtyp). Nun weisen Sie den einzelnen Reihen einen neuen Platz zu.

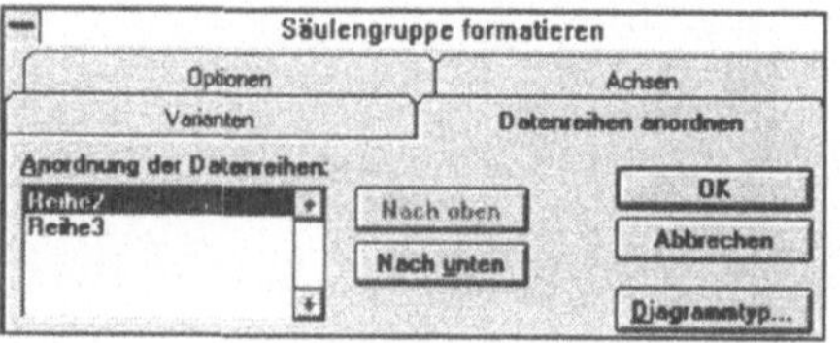

57 Diagramm: einzelne Werte beschriften

Sie haben ein Diagramm erstellt und wollen die Punkte durch eine besondere Beschriftung, sei es ein Wert oder ein Text, hervorheben.

Inhalte löschen
Datenbeschriftungen...
Trendlinie einfügen...
Fehlerindikatoren einfügen...
Datenpunkt formatieren...
Diagrammtyp...
AutoFormat...
3D-Ansicht...
Liniengruppe formatieren...

Wechseln Sie in die Vollbilddarstellung des Diagramms, klicken Sie mit der **rechten Maustaste** die zu beschriftende Kurve an und wählen Sie im Untermenü (Bild rechts) *Datenpunkt formatieren* .... Im gleichnamigen Dialogfenster können Sie auf der Dialogkarte „Datenbeschriftung“ die gewünschte Einstellung vornehmen. Einen beliebigen Text geben Sie einfach in der Befehlszeile ein; er erscheint nach dem Bestätigen in einem frei verschiebbaren Kästchen auf dem Diagramm. Das Bild unten zeigt ein Beschriftungsbeispiel.

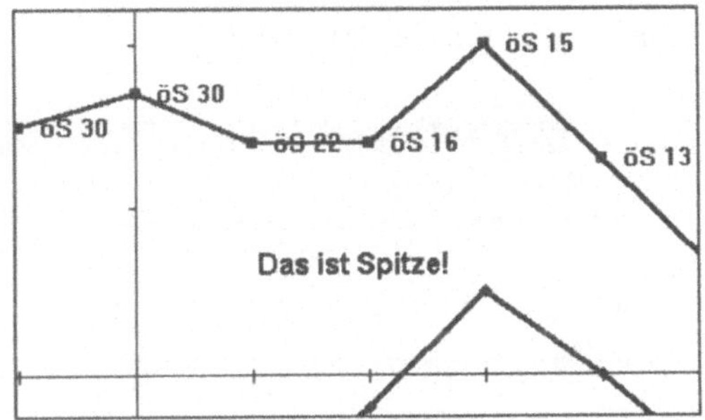

Wenn Sie die Beschriftung wieder **löschen** wollen, dann klicken Sie den Text im Diagramm an, und entfernen ihn mit [Entf].

58 Diagramm: eine neue Reihe hinzufügen

Sie haben ein Diagramm erstellt und wollen eine weitere Datenreihe in das Diagramm aufnehmen. Sie wollen jedoch nicht ein neues Diagramm aufbauen, da sonst die gesamte bisherige Gestaltung der Graphik verlorengeht.

Laden Sie das zu erweiternde Diagramm und jene Tabelle, die die hinzuzufügende Datenreihe enthält. Markieren Sie diese Datenreihe und kopieren Sie sie in die Zwischenablage (Strg + Einfg). Wechseln Sie in das Diagramm, und klicken Sie dort die **Diagrammfläche** an (nicht zu verwechseln mit der darin liegenden Zeichnungsfläche). Es erscheinen ganz außen am Rand zur grauen Arbeitsfläche acht quadratische, schwarze Markierungen. Fügen Sie nun die neue Datenreihe aus der Zwischenablage mit ⇧ + Einfg ein. Excel erweitert das Diagramm selbsttätig.

Ein **anderer Zugang**: Gehen Sie in das zu erweiternde Diagramm und wählen Sie dann *EINFÜGEN - Neue Daten ...* . Im gleichnamigen Dialogfenster können Sie den Bezug der Datenquelle angeben (durch Eintrag oder, bequemer, durch Wechseln in die Quelltabelle und Markieren der Datenzellen).

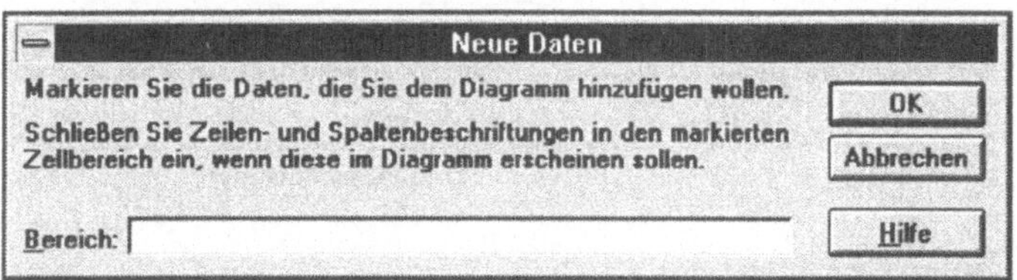

Anschließend bietet EXCEL im Dialogfenster „Inhalte einfügen“ noch weitere Einstellmöglichkeiten an. Nach dem Bestätigen mit *OK* erscheint die neue Datenreihe im Diagramm.

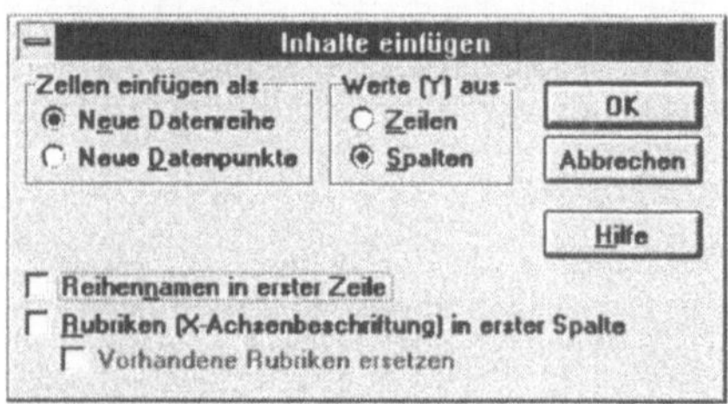

59 Ein Diagramm aus verteilten Reihen

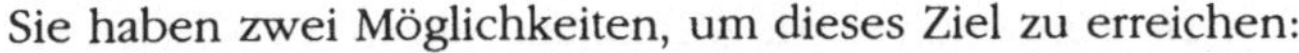

Sie lassen Daten in mehreren Tabellen getrennt berechnen und möchten die Ergebnisreihen gemeinsam in einem Diagramm darstellen.

Sie haben zwei Möglichkeiten, um dieses Ziel zu erreichen:

(1) Sie erstellen eine zusätzliche Tabelle, die alle externen Bezüge enthält. Die Verknüpfung der Daten und ihre Darstellung im Diagramm erfolgt in der Zusatztabelle. Der Vorteil des Zwischenschrittes liegt darin, daß Sie mit den von außen geholten Werten auch rechnen und sie gemeinsam ausdrucken können.

(2) Sie bauen das Diagramm mit einer Datenreihe grundlegend auf und nehmen, wie im Rezept vorher gezeigt, in das bestehende Diagramm die neuen Reihen aus anderen Tabellen schrittweise auf. In der Formel der Datenreihe stehen dann **externe Bezüge**, die auf die einzelnen Tabellen verweisen. Der Tabellenname samt Pfadangabe steht zwischen Hochkommata vor dem Ausrufezeichen. EXCEL nimmt den Eintrag der Bezüge für Sie vor, wenn Sie in die Quelltabelle wechseln und dort die Zellen markieren.

Im diesem Falle werden die Daten direkt im Diagramm (optisch) zusammengeführt. Alle übrigen Manipulationsmöglichkeiten stehen zudem unverändert zur Verfügung. Diese Vorgangsweise ist z. B. dann vorteilhaft, wenn Sie Datenreihen ohne weitere Veränderung oder Berechnung gegenüberstellen wollen.

Nach der Diagrammerstellung brauchen Sie die angesprochenen Quelltabellen nicht mehr zu laden. EXCEL erkennt den externen Zugriff, fragt beim Laden des Diagramms, ob Sie eine Aktualisierung wünschen, und greift bei Zustimmung auf die Quelle zu, ebenfalls ohne sie zu laden.

Ein Diagramm gezielt ausdrucken

Sie haben aus den Daten in Ihrer Tabelle ein oder mehrere Diagramme erstellt und wollen sie wahlweise gemeinsam mit den Daten oder alleine ausdrucken lassen.

Sie können zwei Möglichkeiten nutzen: **(1)** Sie haben die einzelnen Diagramme jeweils auf ein eigenes Blatt der Arbeitsmappe verteilt, klicken auf der Registerleiste der Arbeitsmappe die zu druckenden Blätter an (Mehrfachmarkierung) und wählen wie gewohnt *DRUKKEN* - ....

(2) Sie arrangieren die einzelnen Diagramme als Graphikelemente auf dem Rechenblatt, das auch die Quelldaten enthält. Dabei können Sie den Diagrammbereich beliebig über die Zellen legen oder in eine Zelle einpassen und deren Höhe oder Breite entsprechend wählen - die Größe des Diagramms ändert sich entsprechend.

Dann legen Sie **Seitenumbrüche** so fest (mit *OPTIONEN - Seitenwechsel festlegen*), daß Sie im Dialogfenster „Drucken" die gewünschte Auswahl über die Angabe der Seitenzahl treffen können.

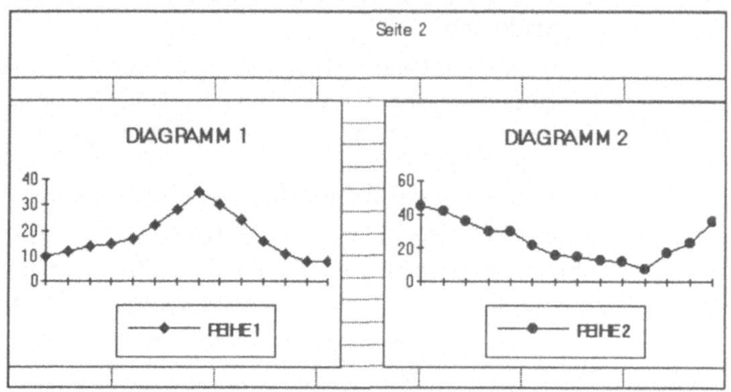

Das Positionieren des Diagramms neben der Tabelle hat den Vorteil, daß die Tabelle selber bei Bedarf unbehindert nach unten weiterwachsen kann (z. B. bei einem definierten Datenbankbereich).

Der Vorteil der zweiten Vorgangsweise gegenüber der ersten liegt darin, daß Sie eine Seite mit mehreren Diagrammen gestalten können.

Der Diagrammassistent

Sie wollen Werte aus einer Tabelle durch ein Diagramm graphisch umsetzen und sich dabei von EXCEL führen lassen.

EXCEL 4 enthält eine graphische Führung, die Sie beim Erstellen von Diagrammen in fünf Schritten unterstützt. Markieren Sie die darzustellenden Daten. Sie starten den Diagramm-Assistenten, indem Sie sich entweder durch *EINFÜGEN - Diagramm ...* ein neues Blatt in die Arbeitsmappe einfügen lassen oder durch Anklicken des rechts gezeigten Sinnbildes auf der Standard-Symbolleiste. Im zweiten Falle wird der Cursor zum **+**, mit dem Sie den Rahmen für das entstehende Diagramm an einem beliebigen Platz auf einer Tabelle aufspannen können. In beiden Fällen erscheint anschließend das erste Dialogfenster des Diagrammassistenten.

Diagrammassistent - Schritt 1 von 5

Wenn die markierten Zellen nicht die Daten enthalten, die Sie in dem Diagramm darstellen möchten, dann wählen Sie jetzt einen neuen Bereich.

Schließen Sie die Zellen, die die Zeilen- und Spaltenbeschriftungen enthalten, mit in den Bereich ein, falls diese im Diagramm erscheinen sollen.

Bereich: =$F$14:$F$20

Abbrechen | |<< | < Zurück | Weiter > | >>

Ab da führt EXCEL Sie in insgesamt fünf Schritten durch die gesamte Diagrammerstellung. Alle Einstellungen, für die Sie sich dabei entschieden haben, lassen sich nachträglich noch gezielt verändern.

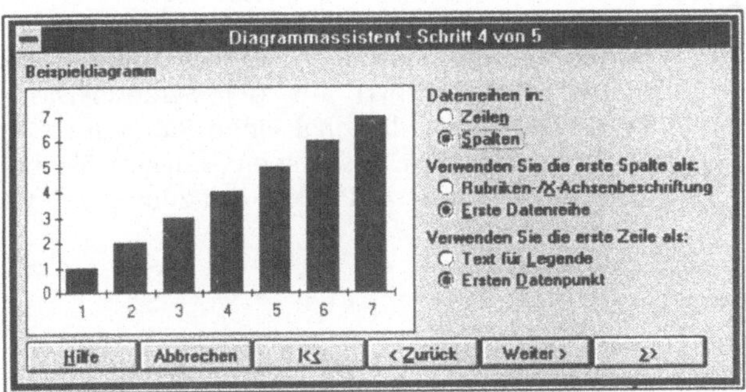

Diagramme überlagern

Ihre Tabelle enthält Detaildaten und eine Summenspalte. Für eine Präsentation wollen Sie in einem Diagramm die Summen darstellen. Sie greifen einen Wert heraus und zeigen seine Summanden in einem zweiten Diagramm. Das zweite Diagramm soll in freier Gestaltung in das erste einbezogen werden.

Sie erzeugen aus den vorliegenden Datenreihen zwei Diagramme, z.B. ein Liniendiagramm auf einem Blatt der Arbeitsmappe und ein Kreisdiagramm auf dem Rechenblatt, und gestalten sie. Klicken Sie das Kreisdiagramm an und verlagern Sie es in die Zwischenablage (⇧ + Einfg). Wechsel Sie in das Diagrammblatt der Arbeitsmappe, klicken dort aber kein Element an, sondern legen das Kreisdiagramm durch Einfügen (⇧ + Einfg) nun als Graphikelement auf das Diagrammblatt.

Jetzt können Sie das Kreisdiagramm hinsichtlich Größe und Position frei bearbeiten. Schließlich klicken Sie es mit der rechten Maustaste an, wählen „Graphik formatieren ...“ und in der Dialogkarte „Muster“ unter „Rahmen“ und „Muster“ jeweils die Option „Ohne“. Damit stellen Sie die Graphik „durchsichtig“ (wie auf einer Folie) und ohne Rahmen dar. Das Bild rechts zeigt das Ergebnis.

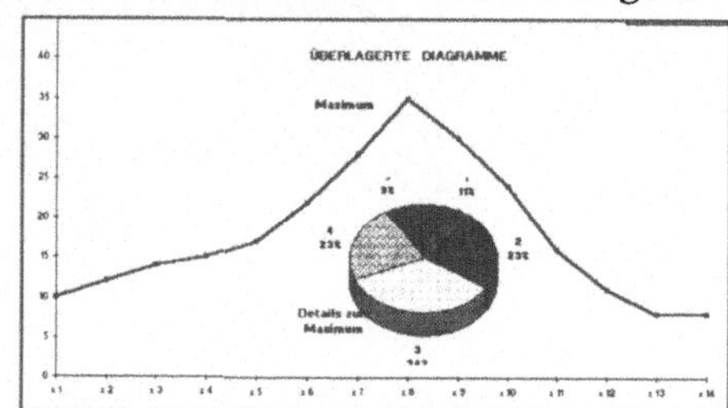

Verändern Sie die Größe eines Graphikelements entlang einer Diagonale, so bleiben die Proportionen erhalten („Strahlensatz“).

Um das durchsichtige, rahmenlose Graphikelement wieder markieren zu können, benötigen Sie die Funktion „Objekte markieren“ (Bild rechts) aus der Symbolleiste „Zeichnen“. Damit ziehen Sie diagonal einen Rahmen so, daß die acht Markierungspunkte erscheinen. Klicken Sie mit der rechten Maustaste auf einen dieser Punkte, um zum Untermenü zu gelangen.

63 Die Diagrammformel verändern

Sie haben ein Diagramm aufgebaut und wollen Änderungen vornehmen, ohne jedoch alles neu aufbauen zu müssen.

Laden Sie die Tabelle mit dem Diagramm, und wechseln Sie in die Vollbilddarstellung. Klicken Sie die zu verändernde Kurve an. In der Befehlszeile erscheint die Formel „**=DATENREIHE**(...)" .

```
=DATENREIHE(GRAPHIK.XLS!$B$1;GRAPHIK.XLS!$A$2:$A$15;
GRAPHIK.XLS!$B$2:$B$15;1)
```

DIAGRAMMFORMEL

Die Funktion DATENREIHE hat vier Parameter: Name der Reihe; Rubrikenbeschriftung (X-Achse); die eigentlichen Werte (Y-Achse); die Reihenfolge. Die ersten drei Parameter verweisen auf irgendwelche Zellen.

Sie wollen sich z. B. von einer Datenreihe nur die ersten zehn statt aller Werte graphisch anzeigen lassen. Ändern Sie den dritten Parameter in der Formel ab; aus dem ursprünglichen „GRAPHIK.XLS! $D$2:$D$15" wird „... D**11**". Nach dem Bestätigen hört diese Kurve früher auf. Analog bewirkt eine Änderung auf „GRAPHIK.XLS!$D$2:D**21**", daß rechts noch weitere Werte aus der Spalte D gezeigt werden. Sind die Zellen D16 bis D21 in der der Graphik zugrundeliegenden Tabelle GRAPHIK.xls leer, so stellt die Kurve Null-Werte dar. „GRAPHIK.XLS!D**10**:$D$15" läßt diese Reihe erst mit ihrem neunten Wert beginnen und zeigt insgesamt sechs Punkte.

Ebenso können Sie durch Verändern des vierten Parameters die Reihenfolge der Kurven vorgeben. Weisen Sie einer Reihe einen bestimmten Rang zu, z. B. von 3 auf 1, und EXCEL arrangiert die übrigen und aktualisiert das Diagramm sofort.

Die Inhalte der Tabelle GRAPHIK.xls bleiben bei all diesen Umstellungen unverändert!

64 Diagramm: Die Kurvendarstellung verändern

Sie haben ein Diagramm erstellt; für die Wiedergabe auf einem nicht farbtauglichen Bildschirm oder Datenanzeigegerät müssen Sie die von EXCEL getroffenen Standardeinstellungen verändern.

Wechseln Sie ins Diagrammblatt oder klicken Sie das Diagramm im Rechenblatt zweimal an. Dann klicken Sie die zu verändernde Datenreihe (d. h. einen Punkt daraus) mit der rechten Maustaste an. Wählen Sie im Untermenü *„Datenreihen formatieren ...“* und dann die Dialogkarte „Muster“. Das Bild unten zeigt die Einstellmöglichkeiten.

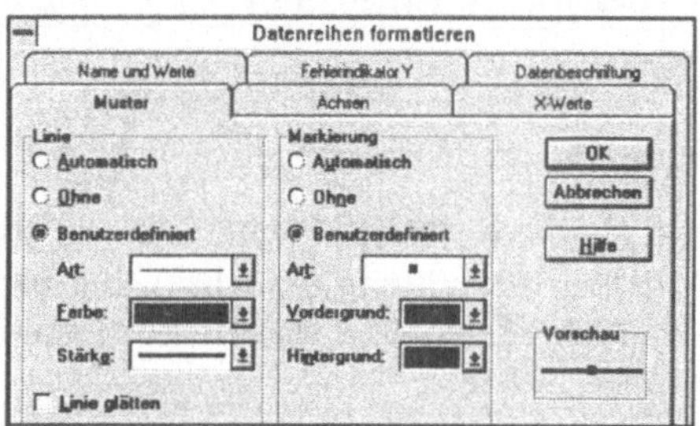

Bei der Säulen- und Balkendarstellung können Sie die Abstände zwischen den Säulen (analog: Balken) bestimmen. Wählen Sie im Untermenü *„Säulengruppen formatieren ...“*. In der Dialogkarte „Optionen“ stellen Sie mit „Überlappung“ den Abstand der Säulen innerhalb einer Rubrik (X-Achse), mit „Abstand“ jenen zwischen den Rubriken ein.

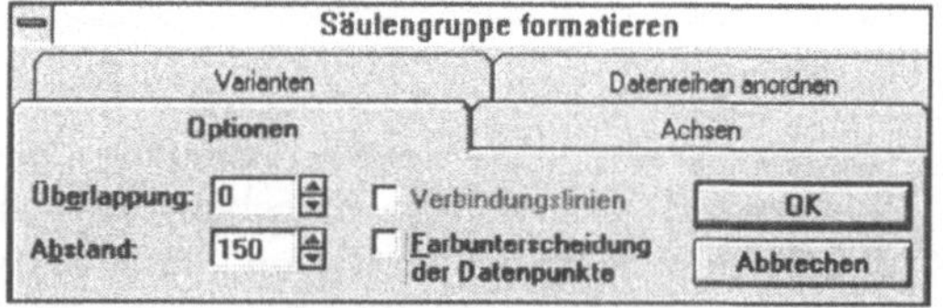

Wenn Sie Diagramme direkt vom PC über ein **Data-Display** präsentieren sollen und sich erst kurz vor dem Vortrag von der Wiedergabequalität des Geräts überzeugen können, so brauchen Sie eine „sichere“ Voreinstellung: keine Farben, nur schwarz und kräftigere Grauwerte verwenden; bei Flächen Schraffuren einsetzen; Datenpunkte mit gut unterscheidbaren Symbolen markieren.

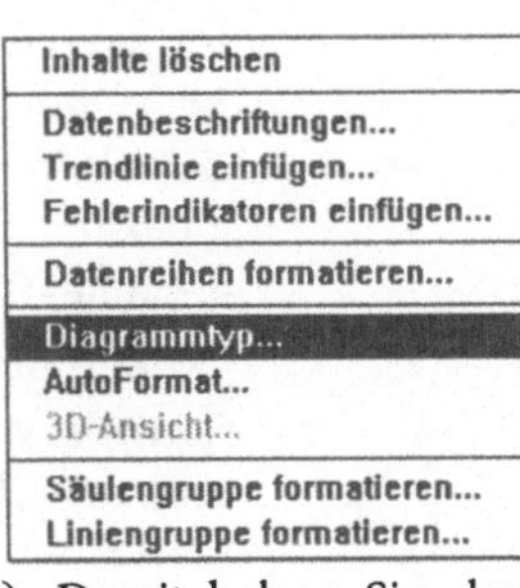

Wählen Sie darin „Diagrammtyp ..." (Bild rechts); im darauf erscheinenden Dialogfenster belassen Sie links oben im Optionenkästchen „Anwenden" die Einstellung „Auf markierte Reihe" und wählen den gewünschten Typ, z.B. Linie, aus. Gehen Sie gleich zu den „*OPTIONEN*" weiter, und nehmen Sie dort die Zuweisung im Kasten „Diagramm zeichnen auf" vor, für unser Beispiel „Sekundärachse" (siehe Bild unten). Damit haben Sie das Verbunddiagramm individuell angepaßt.

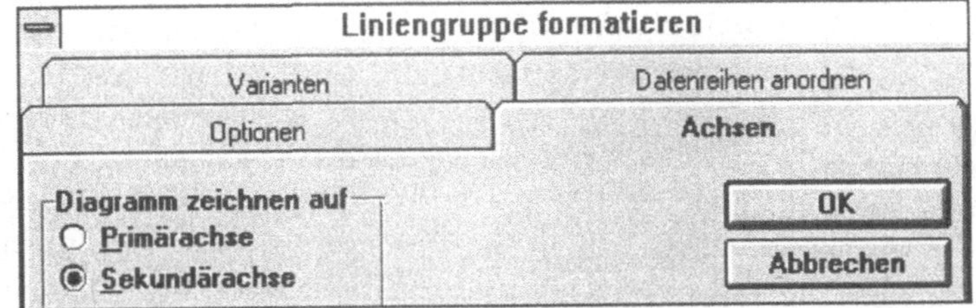

Entfernen Sie die Überlagerung durch die Wahl eines anderen Diagrammtyps (Menübefehl „AutoFormatieren" oder „Diagrammtyp, Anwenden auf ganzes Diagramm")

Beim Ändern von Zuordnungen oder Hinzufügen neuer Datenreihen kann es vorkommen, daß eine Kurve trotz richtiger Einstellungen verdeckt bleibt oder das gesamte Diagramm nicht die gewünschte Form einnimmt. Möglicherweise ist dann eine von Hand eingestellte **Achsenskalierung** im Spiel; diese Einstellungen bleiben von den obigen Umgestaltungen unberührt (Anklicken der Achse mit der rechten Maustaste und „Achsen formatieren ..." und dann das Register „Skalierung" wählen).

Ihr Rechenblatt enthält mehrere Datenreihen, wobei die Werte einer Reihe um mehrere Zehnerpotenzen größer oder kleiner sind als die der übrigen. Bei der Diagrammerstellung orientiert sich EXCEL am kleinsten und größten Wert (Skalierung): dadurch verzerrt sich das gesamte Bild. Sie benötigen ein Diagramm, das beide Größenordnungen gemeinsam darstellt.

Grundsätzlicher Aufbau: Zusätzlich zu dem herkömmlichen Achsenpaar („**Primärachsen**"), die in der Standardeinstellung links (Y-Achse) und unten (X-Achse) liegen, ist im Verbunddiagramm noch ein weiteres Achsenpaar („**Sekundärachsen**"), in der Standardeinstellung rechts (Y-Achse) und oben (jedoch ausgeblendet, X-Achse), eingerichtet. Das zweite Paar ist der „Verbund" (oder: „Überlagerung"). Die Achsenpaare sind hinsichtlich ihrer Skalierung und Anzeige voneinander unabhängig. EXCEL gruppiert die gezeigten Diagramme in allen Diagrammarten (z.B. Liniengruppe, Säulengruppe usw). Diese Organisation ermöglicht es, die Datenreihen graphisch unterschiedlich darzustellen. Die einzelnen Gruppen sind der Primärachse zugeordnet.

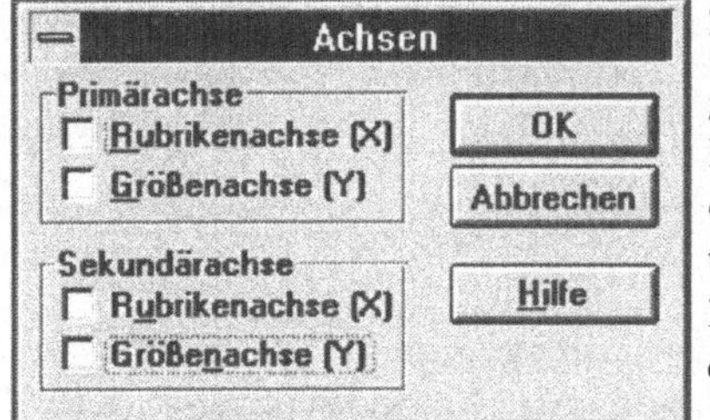

Bild: Die Achsen lassen sich beliebig ausblenden

Im Verbunddiagramm kommt noch die Zuordnungsmöglichkeit an die Sekundärachse dazu. Damit ergibt sich folgende **Struktur**: Gruppierung der Datenreihen (a) pro Achsenpaar (Primär, Sekundär) und (b) pro Diagrammtyp (Linie, Säule usw).

Beim Erstellen eines Verbunddiagramms hat EXCEL eine **Standard-Aufteilung** in der Zuordnung der Datenreihen zu den Achsenpaaren: die erste Hälfte der Reihen an die Primärachsen, die zweite an die Sekundärachsen. Bei ungerader Anzahl wird die mittlere Datenreihe noch den Primärachsen zugeordnet. Die Datenreihen sind durch die diagramminterne Numerierung in ihrer Reihenfolge frei anordenbar. Für den Aufbau und das Ändern eines Verbunddiagramms gibt es verschiedene Wege, wie im folgenden gezeigt.

Ein neues Verbunddiagramm aufbauen

Wenn die Datenreihen in der Quelltabelle bereits in der passenden Reihenfolge sind, dann markieren Sie den gesamten Bereich; Sie können auch eine Mehrfachauswahl treffen. Wählen Sie *EINFÜGEN - Diagramm ... - Als neues Blatt* und lassen das Verbunddiagramm durch den Diagramm-Assistenten aufbauen. Die Datenreihen müssen nicht geschlossen nebeneinander oder im gleichen Rechenblatt liegen. Im Dialogfenster „Diagrammassistent - Schritt 1 von 5“ ist das Eingabefeld „Bereich“, in das Sie beliebige Bezugsbereiche (händisch oder durch Markieren) eintragen können. Beachten Sie dabei, daß die einzelnen Einträge durch einen Strichpunkt getrennt sein müssen.

Nachträgliches Einfügen einer weiteren Datenreihe

Gehen Sie in das Verbunddiagramm und wählen Sie *EINFÜGEN - Neue Daten* .... Im gleichnamigen Dialogfenster können Sie den Bereich einer oder mehrerer neuer Datenreihen wie beim Neuerstellen eintragen. EXCEL fügt diese Reihe(n) nach dem Bestätigen mit fortlaufender interner Nummer an. Durch die oben beschriebene Automatik wird die Aufteilung der Reihen im Diagramm an die Achsenpaare neu vorgenommen. Das kann sofort zum gewünschten Ergebnis führen, aber auch dazu, daß einzelne Reihen wegen der Achsenskalierung optisch „verschwinden“ (siehe folgenden Schritt).

Nachträgliches Zuordnen der Datenreihen an die Achsenpaare

Sie haben z.B. drei Datenreihen (A, B, C) in Säulendarstellung den Primärachsen und zwei weitere (D, E) in Liniendarstellung den Sekundärachsen zugeordnet. Die Reihe C soll wie D und E dargestellt werden.

Gehen Sie in das Diagrammblatt und klicken Sie mit der rechten Maustaste auf die Reihe C. Wenn sie, was meist der Fall ist, mit einer Achse zusammenfällt und dadurch „unsichtbar“ ist, dann drükken Sie die Taste [↓] mehrmals, bis die Reihe C markiert ist. Dann rufen Sie das Kontextmenü mit [⇧] + [F10] auf. In der Befehlszeile wird die Formel „DATENREIHE(...)“ der jeweils markierten Reihe angezeigt. Diese Vorgangsweise ist in dem Falle einfacher als das Anklicken mit der Maus.

66 Graphik: Die Kamerafunktion

Um den Inhalt bestimmter Zellen besonders hervorzuheben, möchten Sie diesen Teil der Tabelle als Graphik-Element gestalten und z. B. in ein Diagrammblatt legen. Änderungen im Zellinhalt sollen sich auch in dem Graphik-Element sofort auswirken.

Die WINDOWS-Technologie ermöglicht in EXCEL eine spezielle Graphik-Funktion; die Kamera. Markieren Sie die zu „photographierenden" Zellen und klicken Sie den Photoapparat an (Sie finden ihn unter den Symbolleisten *Benutzerdefiniert* ..., **Werkzeug**; ziehen Sie das Symbol auf die Arbeitsfläche). Der Cursor wird zu einem +.

Klicken Sie jetzt auf eine beliebige Ziel-Zelle. EXCEL fügt dort eine 1:1 Kopie des Tabellenteils ein. Die Kopie liegt nun als Graphikelement <u>auf</u> der Tabelle. Es hat einen Rahmen mit „Henkeln" (das sind die acht Punkte auf dem Rahmen, mit denen sich das gesamte Bild in seiner Größe verändern läßt). Das Beispiel unten zeigt eine Abwandlung des Rezepts „Diagramme überlagern" (siehe oben); Anstelle des Kreisdiagramms ist hier der Tabellenteil eingefügt.

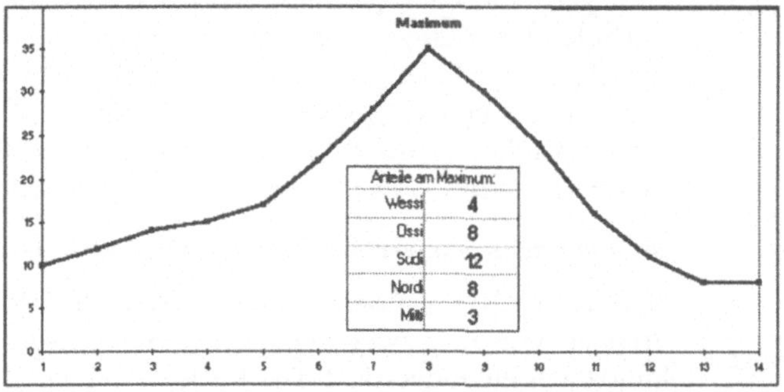

Das so erzeugte **originale** Graphik-Objekt ist mit einer Formel verbunden, die den gezeigten Bereich angibt. Klicken Sie auf das Objekt. In der Bearbeitungszeile erscheint die dazugehörige Formel, z. B. „=TABELLE.XLS!$B$2:$C$7". Diese Formel läßt sich frei verändern. Eine Änderung auf z. B. „=TABELLE.XLS!$B$2:C**5**" würde die beiden letzten Zeilen nicht mehr zeigen. Eine **Kopie** dieses Objekts hat <u>keine Formelverbindung</u> zur Datenquelle mehr!

67 Tabellen konsolidieren

Sie haben gleich strukturierte Daten in verschiedenen Tabellen (oder -bereichen) gespeichert und wollen diese durch eine Rechenvorschrift in einer Tabelle verdichten („konsolidieren").

Laden Sie alle Tabellen, deren Daten Sie konsolidieren wollen (Quellbereiche), und dazu eine weitere Tabelle, die das Ergebnis aufnehmen soll (Zielbereich). Bleiben Sie in der Ziel-Tabelle und markieren Sie die linke obere Zelle des Zielbereichs. Wählen Sie *DATEN - Konsolidieren ...* und klicken Sie im Dialogfenster „Konsolidieren" das Eingabefeld „Bezug" an.

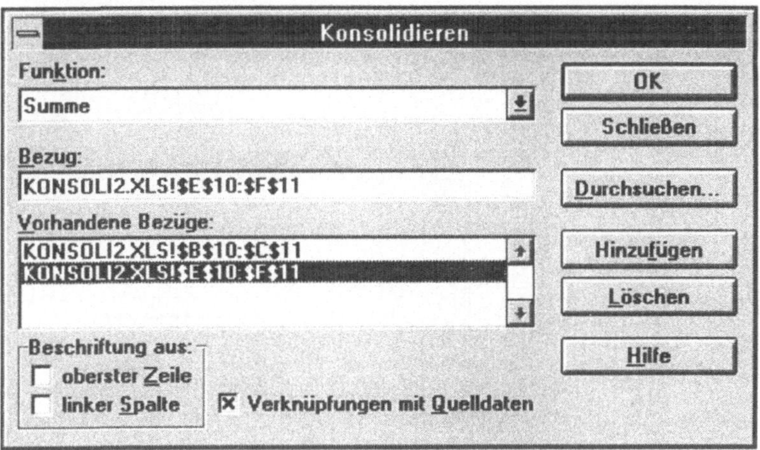

Wechseln Sie der Reihe nach zu den einzelnen Quell-Tabellen und markieren dort jeweils die Quellbereiche. Im Eingabefeld „Bezug" erscheint die aktuelle Positionsangabe als externer Bezug in absoluter Schreibweise. Bestätigen Sie immer mit „*Hinzufügen*". Dieser Eintrag steht auch im Fenster „Vorhandene Bezüge".

Bestätigen Sie mit *OK* und EXCEL fügt die berechneten Ergebnisse aus den Quell-Tabellen in den zuerst markierten Zielbereich ein (Standardeinstellung für die Berechnung ist SUMME). Texte werden nur übernommen, wenn Sie die Optionen im Kästchen „Beschriftung aus" wählen. Dann allerdings verknüpft EXCEL nur Daten aus Zellen mit gleichnamiger Beschriftung!

Das Beispiel unten zeigt, wie zwei Bereiche der Tabelle KONSOLI2.xls über die Rechenvorschrift SUMME in die Tabelle KONSOLI1.xls zusammengeführt wurden. Dabei ist die Option „Verknüpfungen mit Quelldaten" aktiviert.
Das weist EXCEL an, in der Zieltabelle (externe) Bezüge auf die Daten der Quellbereiche einzutragen und die verlangte Rechenfunktion damit durchzuführen. Im Bild ist auch erkennbar, daß die die externen Bezüge enthaltenden Zeilen hinuntergestuft und ausgeblendet sind.

KONSOLI1.XLS:1

	A	B	C	D	E	F
7						
8	Zeile 11	10	11	Zeile 11	200	210
9	Zeile 12	12	13	Zeile 22	220	230

KONSOLI1.XLS:2

	A	B	C	D	E
1	konsolidierte Tabelle: eins + zwei				
2		10	11		
3		200	210		
4		210	221		
7		232	243		
8					

Vergeben Sie für die zusammenzuführenden Quellbereiche **Namen**. Dies bietet die größte Freiheit von festen Positionen und zudem auch die Gewähr, daß genau die dem Namen zugeordneten Zellen konsolidiert werden.

Es ist stets ein gemeinsames Kennzeichen erforderlich, anhand dessen EXCEL die Detaildaten nach der Rechenvorschrift zusammenführen kann. Sie können im Zielbereich die Platzhalterzeichen „**?**" (für ein Zeichen) und „*****" (für alle restlichen Zeichen) verwenden.

Bei den externen Bezügen (jene Referenzen also, die auf andere Tabellen verweisen) können auch die oben genannten Platzhalterzeichen („**?**",„*****") im Tabellennamen verwendet werden. Auch innerhalb eines Rechenblattes läßt sich eine Konsolidierung durchführen.

58 Verknüpfen durch Konsolidieren

Sie haben gleich strukturierte Daten in verschiedenen Tabellen oder Tabellenbereichen gespeichert und wollen diese durch eine Rechenvorschrift in einem Rechenblatt vereinigen („konsolidieren"). Alle künftigen Änderungen in den Quell-Tabellen sollen sich automatisch auf den Bereich der konsolidierten Daten auswirken.

Verfahren Sie wie unter „Tabellen konsolidieren" beschrieben. Ehe Sie jedoch im Dialogfenster „Konsolidieren" Ihre Angaben bestätigen, wählen Sie noch die Option „*Quelldatei verknüpfen*". Das Ergebnis in der Ziel-Tabelle sind jetzt mehr Zeilen als beim einfachen Konsolidieren. Jedoch zeigt EXCEL durch ein entsprechendes Hinunterstufen nur die Ergebniszeilen an. Den Zellen der gezeigten Zeilen ist eine Formel je nach der gewählten Berechnungsvorschrift hinterlegt: z. B. in der Zelle B4: „=SUMME (B2:B3)".

1 2		B	C
·	2	='C:\VIEWEG\KONSOLI2.XLS'!$B$2	='C:\VIEWEG\KONSOLI2.XLS'!$C$2
·	3	='C:\VIEWEG\KONSOLI2.XLS'!$E$2	='C:\VIEWEG\KONSOLI2.XLS'!$F$2
−	4	**=SUMME(B2:B3)**	**=SUMME(C2:C3)**
·	5	='C:\VIEWEG\KONSOLI2.XLS'!$B$3	='C:\VIEWEG\KONSOLI2.XLS'!$C$3
·	6	='C:\VIEWEG\KONSOLI2.XLS'!$E$3	='C:\VIEWEG\KONSOLI2.XLS'!$F$3
−	7	**=SUMME(B5:B6)**	**=SUMME(C5:C6)**

Die externen Bezüge, wie z. B. „='C:\VIEWEG\KONSOLI2.XLS' !$E$2" in der Zelle B2, bewirken, daß sich Änderungen in den Quelltabellen auch auf die Zieltabelle auswirken.

Erweitern des Quellbereichs: Wenn Sie später noch andere Zellen(bereiche) in die Konsolidierung mit einbeziehen wollen, so verändern oder ergänzen Sie einfach die im Dialogfenster „Konsolidieren" (Fenster „Ursprungsbezüge") enthaltenen Einträge.

69 Verknüpfen durch Kopieren und Einfügen

Sie lassen in einer Tabelle (Datenquelle) Berechnungen durchführen, die Sie unverändert in eine andere (Zieltabelle) übernehmen wollen. Außerdem soll die Zieltabelle nach jeder Änderung in der Quelle sofort aktualisiert werden.

Laden Sie die zu verknüpfenden Tabellen in den Hauptspeicher. Es erleichtert Ihnen die Arbeit, wenn Sie mit *FENSTER - Alles anordnen* alle Fenster gleichzeitig auf dem Bildschirm erscheinen lassen (Größe je nach Anzahl).

Gehen Sie in die Quell-Tabelle, markieren dort die zu übertragende(n) Zelle(n) und kopieren sie in die Zwischenablage mit Strg + Einfg. Wechseln Sie daraufhin zur Ziel-Tabelle und dort zu jener Zelle, in die eingefügt werden soll (bei Bereichen: in die Zelle links oben).

Anstatt nun wie bisher gewohnt aus der Zwischenablage zu kopieren, rufen Sie eine eigene Verknüpfungsfunktion auf: *BEARBEITEN - Inhalte einfügen - Verknüpfung einfügen.* Sie gelangen etwas schneller ins Menü, wenn Sie mit der rechten Maustaste auf die Zielzelle klicken. Die Zellen enthalten als Formel den externen Bezug. Im Bild unten ist die Zelle B2 in ZIEL mit der Zelle A3 aus QUELLE verknüpft.

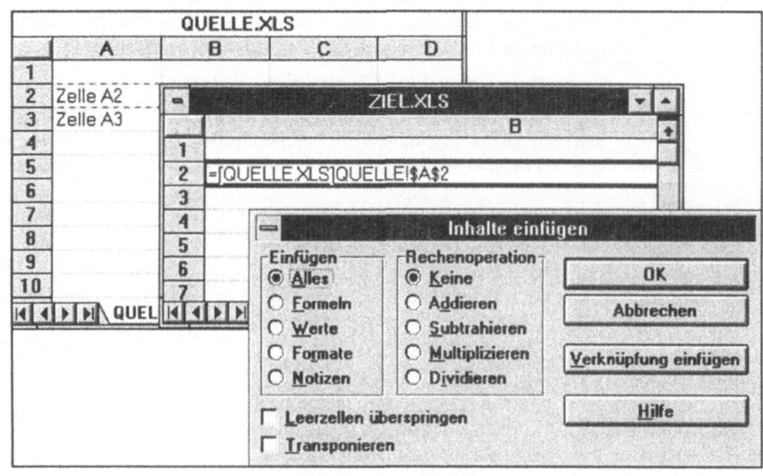

Verknüpfen durch Namen einfügen

Sie lassen in einer Tabelle (Datenquelle) Berechnungen durchführen, die Sie unverändert in eine andere (Zieltabelle) übernehmen wollen. Außerdem soll die Zieltabelle nach jeder Änderung in der Quelle sofort aktualisiert werden. Sie haben für die Quellbereiche Namen definiert, die Sie beim Verknüpfen verwenden können.

Sie können auch bei Verknüpfungen Namen verwenden. Die ersten Schritte bis zum Wechseln in die Quell-Tabelle sind identisch mit den unter „Verknüpfen durch Zeigen" (siehe dort) beschriebenen.

Wechseln Sie zur Quell-Tabelle. Wählen Sie *EINFÜGEN - Namen - Einfügen ....* Es erscheint das Dialogfenster „Namen einfügen", wo Sie den entsprechenden Namen auswählen.

Kehren Sie zur Ziel-Tabelle zurück, bearbeiten Sie die Formel weiter und bestätigen die Einträge mit [↵]. Im Bild unten wurde „QUELLE.XLS!Zelle_A2" auf diese Weise eingefügt. Das Dialogfenster „Namen einfügen" bezieht sich auf die Quell-Tabelle.

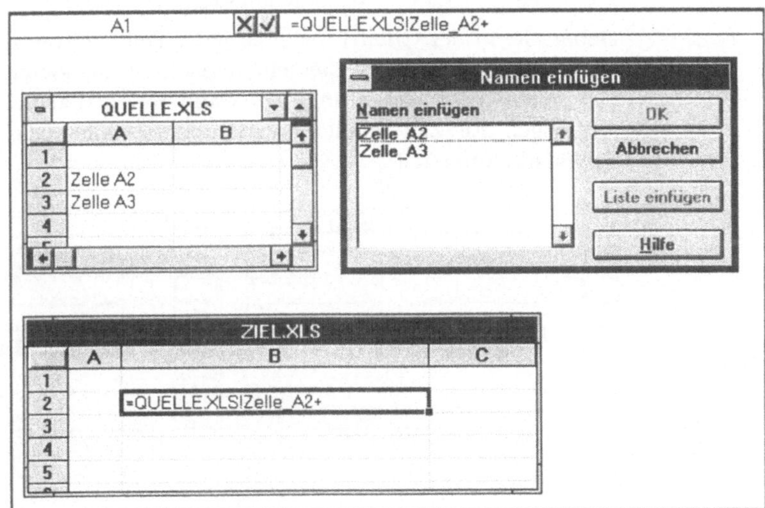

71 Verknüpfen durch Zeigen

Sie gestalten ein Rechenblatt und wollen Daten und Ergebnisse aus einer anderen Tabelle so einbeziehen, daß automatisch alle Veränderungen aufgrund einer Verknüpfung übertragen werden.

EXCEL stellt Ihnen für die Verknüpfung von Tabellen sogenannte „**externe Bezüge**" zur Verfügung, die Sie in jede Formel manuell oder durch Anzeigen (Markieren) eintragen können.

Laden Sie die zu verknüpfenden Tabellen in den Hauptspeicher. Die gleichzeitige Anzeige der Tabellen mit *FENSTER - Alles anordnen* erleichtert Ihnen das Arbeiten. Gehen Sie in die Ziel-Tabelle und dort zu der Zelle, in der Sie die Verknüpfung einrichten wollen. Klicken Sie auf die Bearbeitungszeile (oder: „) und geben Sie die gewünschte Formel ein (mindestens ein „=").

Wenn der Cursor an der Stelle steht, wo der externe Bezug auf die Quell-Tabelle stehen soll, klicken Sie nun die Quell-Tabelle an. Sie wird insofern aktiviert, als daß dort die Bildlaufleisten eingefügt werden und man sich in allen Richtungen bewegen kann. (Dabei bleibt die Ziel-Tabelle als aktiv angezeigt.)

Gehen Sie in der Quell-Tabelle zu jener Zelle, zu der die Verknüpfung herzustellen ist; ist dies ein Bereich, so markieren Sie diesen. Sie sehen die Markierung als wandernden Rand. Kehren Sie schließlich zur Ziel-Tabelle zurück und bestätigen die Einträge in der Bearbeitungszeile.

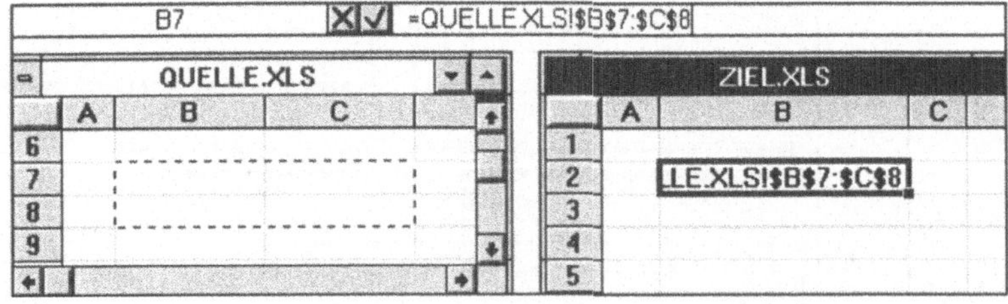

Um einen Überblick über das Bezugsgeflecht zu behalten, bietet Ihnen EXCEL mehrere Möglichkeiten, die im folgenden Rezept aufgelistet werden.

(1) die **Formeldarstellung**: Rasches Umschalten zwischen Werte- (= Standard-) und Formeldarstellung mit Strg + #. Anstelle der berechneten Werte zeigt EXCEL in automatisch verbreiterten Spalten die hinter den Zellen steckenden Formeln, und damit natürlich auch alle externen Bezüge.

(2) das **Info-Fenster**: Aktivieren Sie die zu untersuchenden Tabellen und lassen Sie das Info-Fenster anzeigen: Wählen Sie *EXTRAS - Optionen* ..., Register „Ansicht" und klicken Sie im Optionenkasten „Bildschirmanzeige" die Möglichkeit „Infofenster" an. Aktivieren Sie im Info-Fenster die Optionen *„Vorrangige"* und *„Abhängige"* in allen Ebenen. (Siehe dazu auch die Rezepte zum Info-Fenster)

(3) **Springen** mit dem Cursor: EXCEL hat alle Vorwärts- und Rückwärtsverweise ständig evident und bietet die Möglichkeit, komfortabel mit ein paar Maus-Klicks eine Verweiskette in beide Richtungen zu durchwandern

(4) Der **Detektiv** (siehe Rezept 38).

Gehen Sie zu einer Zelle, die einen externen Bezug enthält. Diese klicken Sie zweimal an. Der Cursor springt in die Zelle, auf die der externe Bezug verweist. Es wird die angegebene Quell-Tabelle aktiviert (ist diese nicht auf der Arbeitsfläche, so wird sie geladen), und der Cursor steht in der entsprechenden Zelle. Bezieht sich der externe Bezug auf einen Bereich, so ist dieser nach dem Sprung in die Quell-Tabelle markiert.

Sie können wieder mit *BEARBEITEN - Gehe zu* ... (oder mit F5)an den Ausgangspunkt zurückspringen. Tragen Sie im Dialogfenster „Gehe zu", im Feld „Bezug" die gesuchte (auch: externe) Referenz (Zellbezug oder Name) ein. Nach dem Bestätigen springt der Cursor in die angegebene Zelle.

Beim Umschalten von einer Darstellung zur anderen verbreitert und verschmälert EXCEL die Spalten sebsttätig. Ein weiteres Verbreitern in der Formeldarstellung verändert auch die Spaltenbreite in der Normaldarstellung. Ferner ist in der Formeldarstellung ein Zeilenumbruch (mit: *FORMAT - Zellen - Ausrichtung* ...) nicht möglich!

Ihre Tabelle enthält in einer Spalte Zellen, für die Sie den Namen „Menge“ vergeben haben. Für eine gleiche Anzahl von Zellen in einer anderen Spalte daneben haben Sie den Namen „Preis“ definiert. In einer dritten Spalte wollen Sie die Kosten aus Menge und Preis errechnen. Da immer die gleiche Berechnung durchzuführen ist, möchten Sie nur eine Rechenvorschrift für alle Berechnungen eingeben.

ARRAY-Formeln sind eine spezielle, ökonomische Technik in EXCEL, um eine gleichbleibende Berechnungsweise für eine Gruppe von Zellen zu definieren. In Kombination damit lassen sich gut Namen für Zellbereiche verwenden:

Markieren Sie die entsprechende Anzahl von Zellen in der Zielspalte. Geben Sie die Formel ein (z. B. „=Preis*Menge“). Um EXCEL mitzuteilen, daß dies eine ARRAY-Formel ist, bestätigen Sie mit der Tastenkombination: Strg + ⇧ + ↵. EXCEL berechnet jetzt alle Felder nach dieser Formel. In jeder Zelle zeigt die Bearbeitungszeile die genannte Formel in geschwungener Klammer: {=Preis*Menge}. Diese Klammer ist das Zeichen der ARRAY-Formel.

D3	{=Preis*Menge}			
	A	B	C	D
1	Artikel	Preis	Menge	Kosten
2	Artikel 1	17,50	1	17,50
3	Artikel 2	183,00	4	732,00
4	Artikel 3	25,40	5	127,00
5	Artikel 4	33,90	6	203,40

EXCEL weist den Versuch, eine Zeile im ARRAY-Bereich zu verändern durch eine Fehlermeldung **Kann Teil des Array nicht ändern!** ab. **Löschen** läßt sich nur der ganze Bereich, für den die ARRAY-Formel gilt. Wenn Sie die gerechneten Ergebnisse aus dem ARRAY-Bereich **ablösen** wollen, wählen Sie: *BEARBEITEN - Kopieren* und *BEARBEITEN - Inhalte einfügen ... - Werte.*

74 Iteration: Grenzwert einer Reihe

Sie haben z. B. in die Zelle A1 die Formel „=1 + A1 / 2“ eingegeben und wollen sich den Grenzwert dieser (geometrischen) Reihe errechnen lassen.

In diesem Beispiel hat die Rechenvorschrift einen Bezug auf die eigene Zelle. D. h., sobald EXCEL einmal ein Ergebnis errechnet hat, wird wegen genau dieser Änderung die Berechnung erneut angestoßen. Ein an sich unendlicher Kreislauf, auf den EXCEL mit dem Begriff „Zirkelbezug“ hinweist.

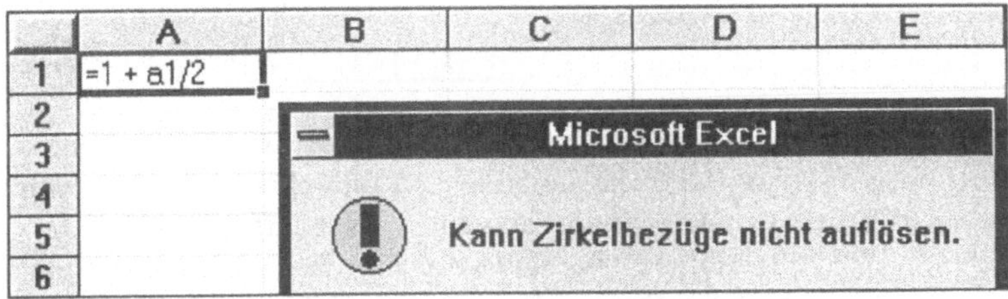

Um dennoch zu einem Ende zu kommen, verfügt EXCEL über zwei begrenzende Parameter, die Sie einstellen können: Wählen Sie *EXTRAS - Optionen ... - Berechnen.* Unter der Option „Iteration“ finden Sie die beiden Eingabefelder zur Verfügung. Legen Sie mit „Höchstzahl der Iterationen“ die Anzahl der Berechnungswiederholungen und mit „Änderungshöchstwert“ die Schrittweite der Annäherung fest. Das Bild zeigt die Standarwerte .

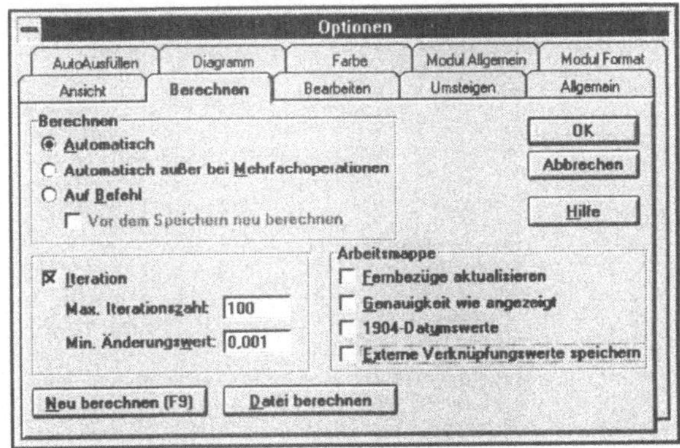

Sobald Sie die Option „Iteration" wählen, berechnet EXCEL die Formel „=1 + A1 / 2". Verändern Sie versuchsweise die beiden Parameterwerte, um die Arbeitsweise der Iteration kennenzulernen. Der Grenzwert der Folge ist 2.

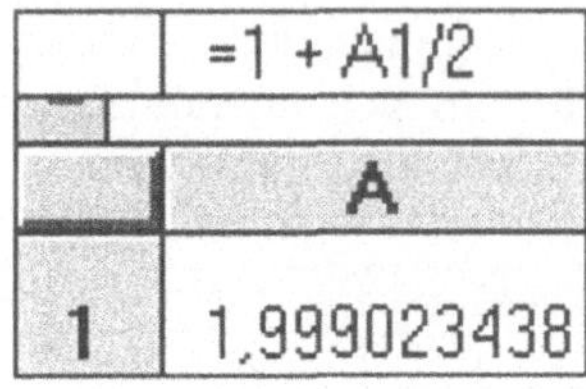

Nach jeder Aktion, aufgrund der EXCEL das Rechenblatt neu aufbaut, wird die Iteration neu berechnet. Sie müssen nicht jedes Mal das Berechnen abwarten, sondern können im Dialogfenster „Berechnen" das automatische Berechnen abschalten. Wählen Sie dazu die Option „Berechnen auf Befehl".

Die Iteration ist ein Annäherungsweg an die Lösung (daher der Name: iter, itineris (lat) das Gehen, der Weg). Er geht von einem Anfangswert aus und nähert sich bis zu einer gewünschten Genauigkeit durch laufendes Wiederholen eines gleichbleibenden Rechenverfahrens dem idealen Lösungspunkt. Bei jedem dieser Rechenschritte wird das Ergebnis aus dem Schritt vorher als Anfangswert einbezogen.

EXCEL bietet diese Möglichkeit leicht zugänglich in mehreren Ausführungen: Iteration, Zielwertsuche und SOLVER.

75 Mit logischen Werten rechnen

Sie haben in einer Reihe von Zellen (in einer Spalte) verschiedene Textkonstanten gespeichert, z. B. Bezeichnungskürzel. EXCEL soll nun feststellen, wie oft jedes dieser Kürzel in einem bestimmten Bereich vorkommt. Sie wollen die Zählergebnisse zu einer statistischen Übersicht zusammenführen.

Die ARRAY-Formel ist nicht nur bei numerischen Berechnungen nützlich. Die Zellen im Statistikteil (im Bild: B2 bis B5) enthalten jeweils die (ARRAY-) Formel „{=SUMME (1* (A2:A10 = C2))}". Die Zellen C2 bis C5 sind mit den jeweils zu zählenden Bezeichnungskürzeln als Textkonstante belegt.

B2 | {=SUMME(1*(A2:A10=C2))}

	A	B	C	D
1	Bezeichnung	**Mengen-statistik**		
2	aaa	3	aaa	
3	bbb	2	bbb	
4	aaa	1	ccc	
5	ccc	3		<= leer
6	aaa			
7	bbb			
8				
9				
10				

Bestätigen Sie die Formeleingabe mit [Strg] + [⇧] + [↵]; siehe auch die Erläuterungen zu „Mit ARRAY-Formeln rechnen" oben. EXCEL zeigt die gesuchte Anzahl in den Zellen B2 bis B5 an.

75 Mit logischen Werten rechnen (Fortsetzung)

Erläuterung zur Formel {=SUMME (1* (A2:A10=C2))}: Dieses Beispiel zeigt, daß man auch mit logischen Werten numerisch rechnen kann.

Die ARRAY-Formel {=A2:A10=C2} ergibt „WAHR“; d. h., daß es im Bereich „Bezeichnungen“ eine Zelle gibt, die die gleiche Zeichenkette enthält. Da EXCEL logische Werte dem numerischen „0“ und „1“ gleichsetzt, ergibt {=1*(A2:A10=C2)} gleich 1. Die Klammern ( ) dienen hier nur der Deutlichkeit.

EXCEL kann über eine ARRAY-Formel summieren. Daher ist das Ergebnis von {=SUMME(1*(A2:A10=C2))} die gesuchte Anzahl. Die Operation „1*“ ist notwendig, da die Formel {=SUMME(A2:A10=C2)} unterschiedslos den Wert 0 ergibt. Anstelle des Multiplikanden 1 kann natürlich jeder gültige EXCEL-Ausdruck stehen.

Vergeben Sie für den Bereich, der die zu zählenden Textkonstanten enthält (hier: A2 bis A10), einen Namen. Dann können Sie später die Zählung auf weitere Zellen ausdehnen oder einschränken, ohne daß Sie deshalb die ARRAY-Formeln einzeln nachziehen müssen. Das Ergebnis aus der ARRAY-Formel wird sofort aktualisiert.

Wenn Sie die Zählstatistik in einem anderen Rechenblatt haben wollen, muß die Summenformel dort nur zusätzlich den Tabellennamen enthalten; z. B.: „{=SUMME (1* ('<pfad>\<tabelle>' ! <bereichsname> = <Vergleichswert>))}“.

Fehlermeldung: Wenn Sie eine ARRAY-Formel nicht als solche mit der speziellen Tastenkombination eingeben, so bringt Excel die Meldung „**#WERT!**“.

Ihre Tabelle enthält zwei gleich große quadratische Matrizen; d. h. zwei Bereiche mit gleich vielen Zeilen wie Spalten. Dafür haben Sie die Namen „A“ und „B“ definiert. EXCEL soll die Summe bilden.

EXCEL führt auch Matrizenoperationen mit ARRAY-Formeln und EXCEL-Funktionen durch. Markieren Sie einen Ziel-Bereich in der Größe der Quellmatrizen. Geben Sie die Formel „{=A+B}“ als ARRAY-Formel ein (bestätigen Sie die Eingabe mit [Strg] + [⇧] + [↵]). Das Ergebnis entspricht nun der Eingabe von Einzelformeln, wie z. B. erste Zelle von A + erste Zelle von B usw..

Q2	{=A+B}								
	J	K	L	M	N	O	P	Q	R
1	A			B			C		
2		1	2		10	20		11	22
3		3	4		30	40		33	44
4		5	6		50	60		55	66
5		7	8		70	80		77	88

Probleme gibt's, wenn Sie das **Produkt** der beiden Matrizen A und B wie die Summe oben mit der ARRAY-Formel berechnen wollen. Das Produkt von Matrizen entsteht, wenn man der Reihe nach jeden Wert jeder Zeile der ersten Matrix mit jedem Wert jeder Spalte der zweiten multipliziert und die Summe zeilen-/spaltenweise bildet. Das Ergebnis ist wieder eine Matrix.

Rechnen Sie mit der Formel „{=SUMME(<zeile aus A>*<spalte aus B>)}“, dann ist das Ergebnis falsch, da EXCEL tatsächlich „ =SUMME(<zeile aus A>) * SUMME(<spalte aus B>)“ berechnet hat. Richtig ist jedoch die Formel „=<erster wert der zeile aus A>*<erster wert der spalte aus B> + usw. bis zum letzten Wertepaar“ (siehe die folgenden Rezepte).

77 Die Matrizenrechnung: Multiplikation

Ihre Tabelle enthält zwei Matrizen mit den Namen „A“ und „B“. EXCEL soll das Produkt berechnen.

EXCEL bietet eine eigene Formel an: Markieren Sie den Zielbereich und geben Sie „=MMULT(A;B)“ als ARRAY-Formel ein, indem Sie die Eingabe mit [Strg] + [⇧] + [↵] bestätigen.

E5 | {=MMULT(A;B)}

	A	B	C	D	E	F	G	H
1				B				
2					10	30	50	70
3					20	40	60	80
4	A							
5		1	2		**50**	**110**	**170**	**230**
6		3	4		**110**	**250**	**390**	**530**
7		5	6		**170**	**390**	**610**	**830**
8		7	8		**230**	**530**	**830**	**1130**

Im Beispiel oben umfaßt die Matrix A die Zellen B5 bis C8 (2x4-Matrix) und B die Zellen E2 bis H3 (4x2-Matrix); das Produkt steht in den Zellen E5 bis H8 (4x4-Matrix).

In gleicher Weise steht Ihnen jeweils eine Formel für das Berechnen der Determinante (MDET()), der transponierten (diagonal gespiegelten) Matrix (MTRANS()) und der invertierten Matrix (MINV()) zur Verfügung.

Zu **MMULT()**: Das Ergebnis ist wieder eine Matrix. A hat i Zeilen und j Spalten und B ist j Zeilen und k Spalten groß: dann hat das Ergebnis A x B i Zeilen und k Spalten. Daher muß auch der Ergebnisbereich in der Größe i Zeilen und j Spalten markiert werden, sonst wird nur ein Teil berechnet. Aufgrund der mathematischen Definition der Matrizenmultiplikation muß die Spaltenanzahl von A gleich der Zeilenanzahl von B sein.

78 Die Mehrfachoperation

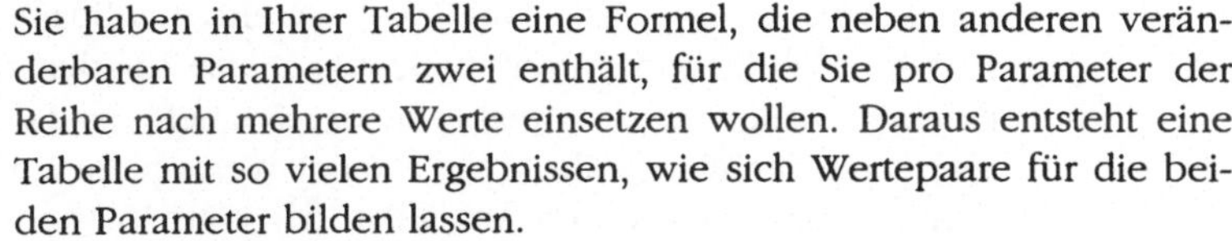

Sie haben in Ihrer Tabelle eine Formel, die neben anderen veränderbaren Parametern zwei enthält, für die Sie pro Parameter der Reihe nach mehrere Werte einsetzen wollen. Daraus entsteht eine Tabelle mit so vielen Ergebnissen, wie sich Wertepaare für die beiden Parameter bilden lassen.

Mit der Mehrfachoperation können Sie eine Formel auf mehrere Zellen anwenden und dabei einen oder zwei Parameter nach Vorgabe verändern, ohne daß Sie in jede Zelle des Zielbereichs die Formel separat und mit laufend veränderten Zellenbezügen einkopieren müssen. EXCEL kann die Mehrfachoperation auch rationeller verwalten.

Gehen Sie zum linken oberen Eck des Bereichs der Mehrfachoperation (= Formelzelle), und geben Sie dort die Formel für die Mehrfachoperation ein. Die variabel gehaltenen Parameter sind dabei irgendwelche Zellen, die außerhalb des Bereichs liegen und nicht mehr verwendet werden dürfen (wichtig!).

An die Formelzelle anschließend folgen rechts daneben die Werte**zeile** und unter der Formelzelle die Werte**spalte**. Diese Zellen enthalten die unterschiedlichen Werte, die in die Formel einzusetzen sind.

Markieren Sie jetzt den gesamten Bereich der Mehrfachoperation von der Formelzelle bis zur letzten Zelle der Wertezeile und Wertespalte, und wählen Sie dann *DATEN - Mehrfachoperation ...* . Sie öffnen damit das Dialogfenster „Mehrfachoperation".

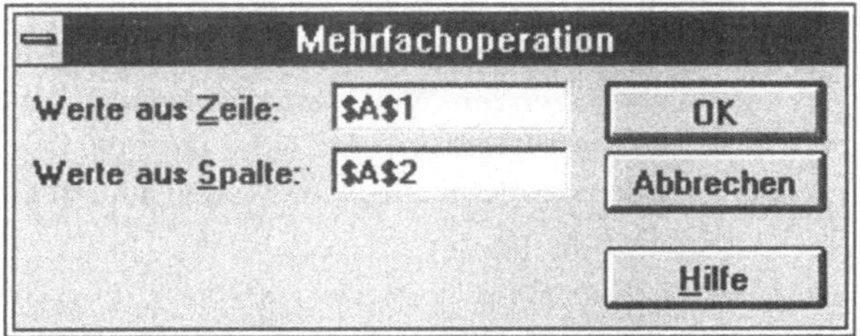

Die Bezeichnung „Werte aus Zeile", „Werte aus Spalte" im Dialogfenster „Mehrfachoperation" bedeutet: „Setze für den rechts eingetragenen Zellbezug (= Variable in der Formel) der Reihe nach die Werte aus der Wertezeile sowie aus der Wertespalte ein". Tragen Sie den Bezug einfach durch Anklicken der entsprechenden Zelle ein. EXCEL führt jetzt die Mehrfachoperation aus. Im Berechnungsbereich (unten im Bild die Zellen C2 bis G6) enthalten alle Zellen die gleiche Formel: **{=MEHRFACHOPERATION (<werte aus zeile>; <werte aus spalte>}**

	A	B	C	D	E	F	G
1		0	1	2	3	4	5
2		**12**	12	24	36	48	60
3		**14**	14	28	42	56	70
4		**16**	16	32	48	64	80
5		**18**	18	36	54	72	90
6		**20**	20	40	60	80	100
7							
8		Formelmuster in Zelle B1: "=A1*A2"					

„**Schönheitsfehler**": Da in der Formelzelle die MO-Formel hinterlegt ist, zeigt EXCEL dort zwangsläufig das berechnete Ergebnis; im Gesamtbild wirkt es dort eher wegen zwangsläufiger Fehlermeldungen wie z. B. „#DIV/0" störend. Unterdrücken Sie die Schriftanzeige in dieser Zelle, indem Sie in der Formatierung die Schriftfarbe gleich jener des Hintergrundes wählen oder das Individualformat „ ; ; ; „definieren.

Wichtig: Die Zellen, deren Bezüge in der Formel als Platzhalter für die einzusetzenden Werte (aus Zeile und Spalte) dienen, sind unbedingt leer zu lassen und diese Bezüge nirgendwo nochmals zu verwenden! Zudem dürfen sie nicht im Bereich der Mehrfachoperation liegen.

Die nächste Seite zeigt die Funktionsweise der Mehrfachoperation anhand einer Kredittilgung schematisch, wobei der Kreditbetrag fix (hier: 80.000,--), Zinssatz und Laufzeit (in Monaten) hingegen variabel sind. Zudem läßt sich das jeweilige Minimum sowie der Kreditbetrag durch entsprechende Eingaben in die Zellen B34 bis B37 beliebig verändern.

	A	B	C	D	E	F	G
33							
34	Startzinssatz	8,50%					
35	Startdauer	36					
36	Betrag	80.000					
37							
38							
39			Zahlung mtl				
40	Formel: ==> =RMZ(Zinssatz/12;Laufzeit;-Betrag)		36 Monate	48 Monate	60 Monate	72 Monate	84 Monate
41	Startzins:	8,50%	2.525,40	1.971,86	1.641,32	1.422,27	1.266,92
42		9,00%	2.543,98	1.990,80	1.660,67	1.442,04	1.287,13
43		9,50%	2.562,64	2.009,85	1.680,15	1.461,98	1.307,52
44		10,00%	2.581,37	2.029,01	1.699,76	1.482,07	1.328,09
45		10,50%	2.600,20	2.048,27	1.719,51	1.502,32	1.348,85
46		11,00%	2.619,10	2.067,64	1.739,39	1.522,73	1.369,79
47		11,50%	2.638,08	2.087,12	1.759,41	1.543,29	1.390,92
48		12,00%	2.657,14	2.106,71	1.779,56	1.564,02	1.412,22
49		12,50%	2.676,29	2.126,40	1.799,84	1.584,89	1.433,70
50							

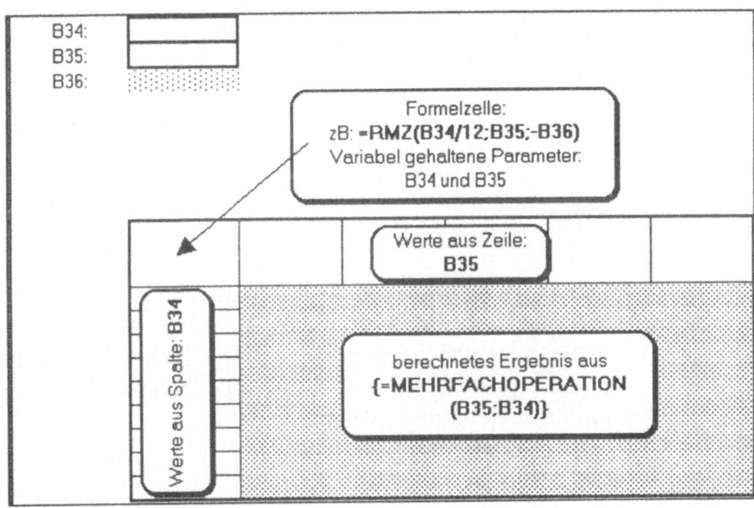

79 SOLVER: Extremwerte berechnen

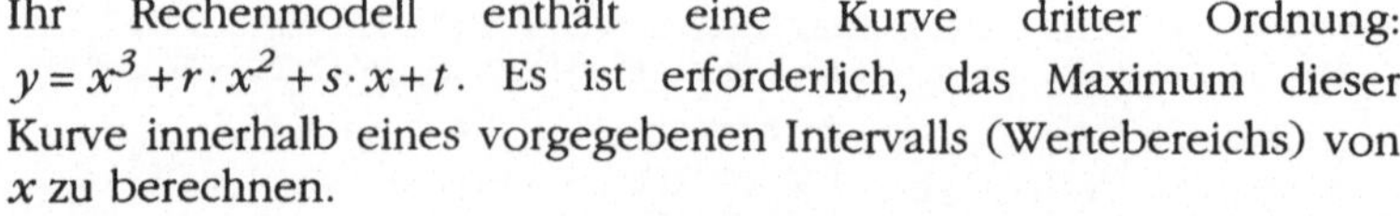

Ihr Rechenmodell enthält eine Kurve dritter Ordnung: $y = x^3 + r \cdot x^2 + s \cdot x + t$. Es ist erforderlich, das Maximum dieser Kurve innerhalb eines vorgegebenen Intervalls (Wertebereichs) von x zu berechnen.

Im Beispiel unten wurden für die Konstanten folgende Werte gewählt: $r = 0;\ s = -3;\ t = -6$. Die Formel $y = x^3 - 3 \cdot x - 6$ steht in der Zelle B10; die Zelle B9 dient als Laufvariable x. Wählen Sie *EXTRAS - Solver ...* . EXCEL startet SOLVER beim ersten Aufruf als Zusatz (Makro SOLVER.xla im Verzeichnis \EXCEL\MAKRO\ SOLVER). Im Dialogfenster „Solver-Parameter" geben Sie in das Eingabefeld „Zielzelle" den Bezug auf die Zelle mit der Gleichungsformel ein (hier: B10). Als „Zielwert" wählen Sie „Max". Die „veränderbare Zelle" ist der Bezug der Zelle, die Sie in der Formel für die Variable x verwendet haben; im Beispiel unten B9.

Starten Sie SOLVER mit *Lösen*. SOLVER ermittelt ein Lösungspaar (X,Y); an diesem Punkt hat die Kurve ihr Maximum. Im Beispiel unten sehen Sie die Lösung für x in der Zelle B9 und für y in B10 (hier: $x = -1;\ y = -4$).

	A	B	C
8			
9	X	-1	<== veränderbare Zelle
10	G1	-4	<== Gleichung 1: "= B9^3 -3 * B9 - 6"
11			
12		Probe:	0^3 - 3*0 - 6 = -6
13			(-1)^3 - 3 * (-1) - 6 = -4 <== Maximum bei (-1 / -4)
14			(-2)^3 - 3 * (-2) - 6 = -8
15			

Durch „*Nebenbedingungen*" schränken Sie die Berechnungen von SOLVER auf ein bestimmtes Intervall der X-Achse ein; z. B. „$B9 >= \lfloor wert1 \rfloor$", darunter: „$B9 <= \lfloor wert1 \rfloor$". (Mathematisch formuliert: $\lfloor wert1 \rfloor <= x <= \lfloor wert2 \rfloor$). Siehe auch das Rezept „Solver: ein lineares Modell", Rezept 80.

„B9^3" ist EXCEL-Schreibweise für: „x^3".

80 SOLVER: ein lineares Modell

Ihr Rechenmodell enthält zwei lineare Gleichungen, für die Sie den Schnittpunkt berechnen wollen. Allgemein haben die Gleichungen die Form G1: $y = a_1 \cdot x + b_1$ und G2: $y = a_2 \cdot x + b_2$. Die gesuchte Lösung ist jenes Wertepaar (X,Y), das beide Gleichungen erfüllt.

Im Beispiel unten stellt die Zelle: B2 die Variable X („veränderbare Zelle") dar. B3 (die „Zielzelle") enthält die Formel „$= 4 \cdot B2 - 3$" und B4 dient mit der Formel „$= 5 \cdot B2 + 8$" als „Nebenbedingung". (Im Beispiel wurden für die Konstanten folgende Werte gewählt: $a_1 = 4;\ b_1 = -3;\ a_2 = 5;\ b_2 = 8$)

	A	B	C
1			
2	X	-11	<== veränderbare Zelle
3	G1	-47	<== Gleichung 1: "= 4 * B2 - 3"
4	G2	-47	<== Gleichung 2: "= 5 * B2 + 8" (Nebenbedingung)
5			
6		Probe:	4 * (-11) - 3 = 5 * (-11) + 8 = -47
7			

Rufen Sie Solver auf: *EXTRAS - Solver* .... Füllen Sie das Dialogfenster „Solver Parameter" nach dem Beispiel unten aus: „Zielzelle": $B$3; „veränderbare Zellen": $B$2; darunter dann die „Nebenbedingungen" hinzufügen: $B$3 = $B$4.

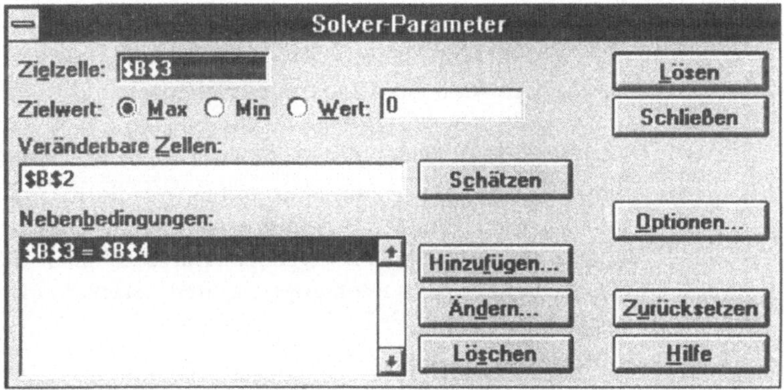

80 SOLVER: ein lineares Modell (Fortsetzung)

Sie können beliebig viele Nebenbedingungen formulieren, die SOLVER beim Berechnen gleichzeitig einhalten soll. Im Beispiel hier müssen beide Gleichungen das gleiche Wertepaar (X, Y) enthalten. Das ergibt die Nebenbedingung: B3 = B4.

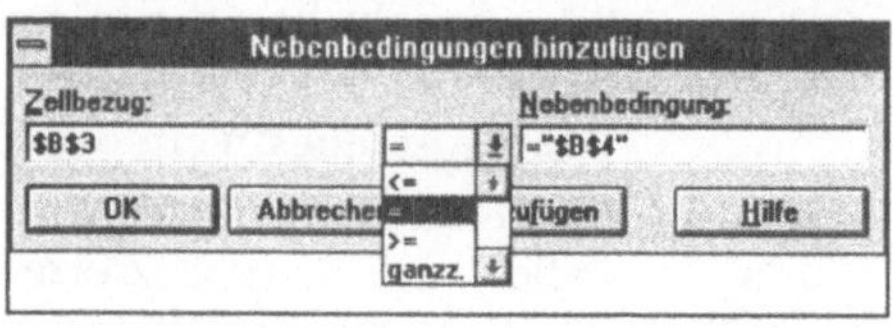

Starten Sie die Berechnung mit *„Lösen“*. Hat Solver eine Lösung gefunden, dann können Sie sie im Rechenblatt belassen (*„Lösung verwenden“*) oder verwerfen (*„Ausgangswerte wiederherstellen“*).

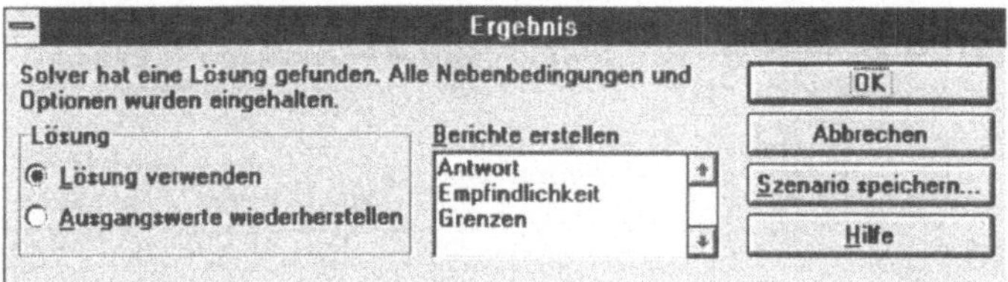

SOLVER versucht, in sich wiederholenden Rechenschritten alle gestellten Bedingungen zu erfüllen. Ist das nicht möglich (weil z. B. parallele Gerade keinen Schnittpunkt im Endlichen haben), so bringt SOLVER die Meldung: „**Werte der Zielzelle konvergieren nicht**“.

Die Option *„Berichte erstellen“* generiert Ihnen weitere Tabellen mit Detailinformationen. Die Höchstrechenzeit oder die Wiederholungsanzahl (Iterationsgrenze) können Sie über die *OPTIONEN* (Schaltfläche im Dialogfenster „Solver-Parameter“) einstellen.

Halten Sie das Modell variabel, indem Sie die Konstanten (im Beispiel oben die Werte 4, 3, 5 und 8) in separate Zellen eintragen und jeder Zelle einen Namen vergeben. Darüber hinaus können Sie für verschiedene Konstantengruppen den Szenario-Manager (siehe später) einsetzen.

Der Szenario-Manager

Sie führen eine Berechnung mit verschiedenen Wertegruppen durch, um die Veränderung des Ergebnisses zu beobachten. Die gestellten Situationen („Szenarien") wollen Sie mit dem Rechenblatt abspeichern.

Der neue Szenario-Manager ist im Prinzip eine „Tabelle in der Tabelle", in der EXCEL eingegebene Werte oder Zellbezüge unter einem frei bestimmbaren Namen speichert, sie auf Abruf in die Parameterzellen einfügt und die Neuberechnung anstößt. Beim ersten Aufruf lädt EXCEL das Zusatzmakro SZENARIO.xla aus dem Verzeichnis \EXCEL\-MAKRO.

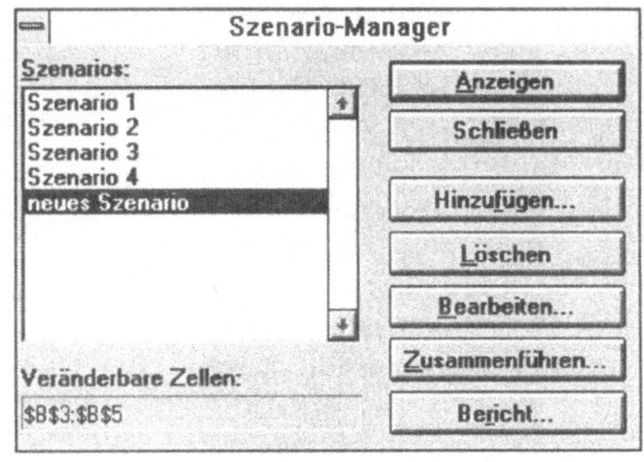

Zum **Anlegen** einer Szenarien-Tabelle wählen Sie *EXTRAS - Szenario-Manager ...* . Im Dialogfenster „Szenario Manager" können Sie die Bezüge der durch die Werte der Szenarien zu verändernden Zellen eintragen (*Einfügen*). Im zweiten Dialogfenster „Szenario einfügen" ist ein eindeutiger Name und für jede zu verändernde Zelle ein Wert oder ein Bezug einzugeben. Bestätigen Sie mit *Hinzufügen*.

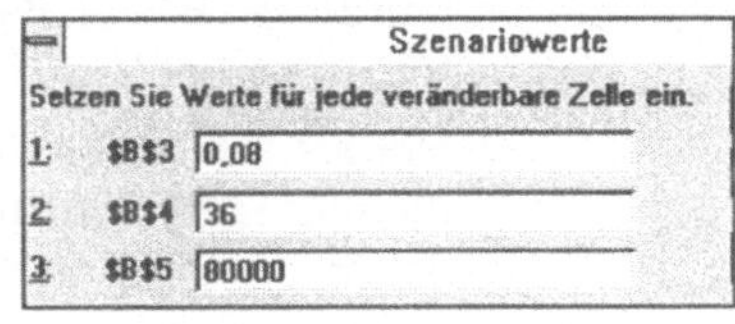

Zum **Ausführen** kehren Sie ins Dialogfenster „Szenario Manager" zurück, wählen einen Szenario-Namen aus und stoßen mit *Anzeigen* die Berechnung an. *Bearbeiten* ermöglicht ein Verändern der Werte und *Übersicht ...* erzeugt eine neue Tabelle mit allen Werten und Bezügen, die in die Parameterzellen eingesetzt werden.

Das **Beispiel** zeigt anhand einer Kreditrückzahlungstabelle (siehe auch oben bei: MEHRFACHOPERATION()) die Berechnung mit verschiedenen Werten für Zinssatz, Laufzeit (in Monaten) und Kredithöhe. Die Zellen B3 bis B5 sind die Parameterzellen, in die die Szenarienwerte eingesetzt werden. Außerdem ist das Beispiel dadurch zusätzlich flexibel gehalten, daß die Szenarien keine fixen Werte, sondern Zellbezüge enthalten. Diese zeigen auf Zellen in den Spalten D bis G. Dort kann der Anwender nun die wahrscheinlichsten oder häufig gebrauchten Wertekombinationen eintragen und sie mit Hilfe des Szenario-Managers rasch in die Parameterzellen zur Berechnung einsetzen lassen.

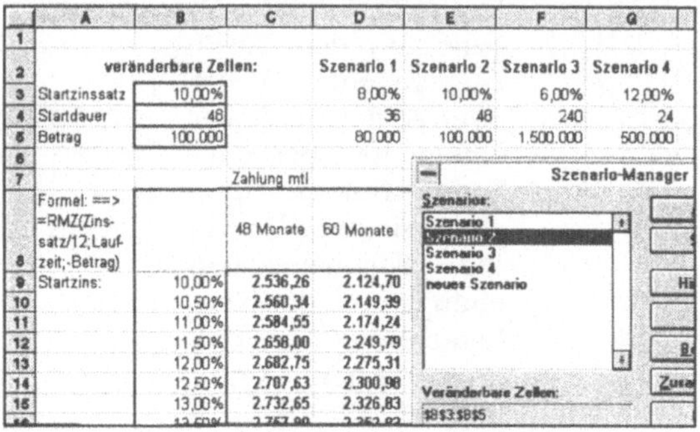

	A	B	C	D	E	F	G
1							
2	veränderbare Zellen:			Szenario 1	Szenario 2	Szenario 3	Szenario 4
3	Startzinssatz	10,00%		8,00%	10,00%	6,00%	12,00%
4	Startdauer	48		36	48	240	24
5	Betrag	100.000		80.000	100.000	1.500.000	500.000
6							
7			Zahlung mtl				
8	Formel: ==> =RMZ(Zinssatz/12;Laufzeit;-Betrag)		48 Monate	60 Monate			
9	Startzins:	10,00%	2.536,26	2.124,70			
10		10,50%	2.560,34	2.149,39			
11		11,00%	2.584,55	2.174,24			
12		11,50%	2.658,00	2.249,79			
13		12,00%	2.682,75	2.275,31			
14		12,50%	2.707,63	2.300,98			
15		13,00%	2.732,65	2.326,83			

Szenario-Manager
Szenarios:
Szenario 1
Szenario 2
Szenario 3
Szenario 4
neues Szenario
Veränderbare Zellen:
$B$3:$B$5

Und hier das Ergebnis: Der Ausschnitt des Dialogfeldes „Szenario Manager" rechts im Bild unten zeigt, daß das Szenario 3 gerechnet wurde (z. B. ein Bauspar-Kredit mit 20-jähriger Laufzeit sowie die Varianten bei Veränderung von Laufzeit und Kreditverzinsung).

Der als eigene Tabelle generierte **Übersichtsbericht** listet alle definierten Szenarien auf (unten nur ein Ausschnitt). Die „Ergebniszellen" (unten nicht im Bild) zeigen die Rechenergebnisse zum jeweiligen Szenario.

Übersichtsbericht	Szenario 1	Szenario 2	Szenario 3
Veränderbare Zellen:			
$B$3	8,00%	10,00%	6,00%
$B$4	36	48	240
$B$5	80.000	100.000	1.500.000

82 Die Zielwertsuche

Ihr Modell enthält eine Formel, z. B. $y = x^3 - 3 \cdot x - 1$. Sie wollen zu einem vorgegebenen *y* das richtige *x* berechnen.

EXCEL hilft Ihnen mit dem Instrument „Zielwertsuche“, hinter dem das Iterationsverfahren steht. Die Berechnung nähert sich in Wiederholungsschritten an den vorgegebenen Zielwert.

Wählen Sie *FORMEL - Zielwertsuche...* und geben Sie im Dialogfenster „Zielwertsuche“ folgende Parameter ein: **„Zielzelle**:“ das ist die Formelzelle, die das *y* repräsentiert (im Beispiel unten B2); „**Zielwert**“: enthält die Wertvorgabe für *y* (hier: 0). und „**Veränderbare Zelle**“: das ist die Zelle, die die Variable *x* darstellt (im Beispiel: B1).

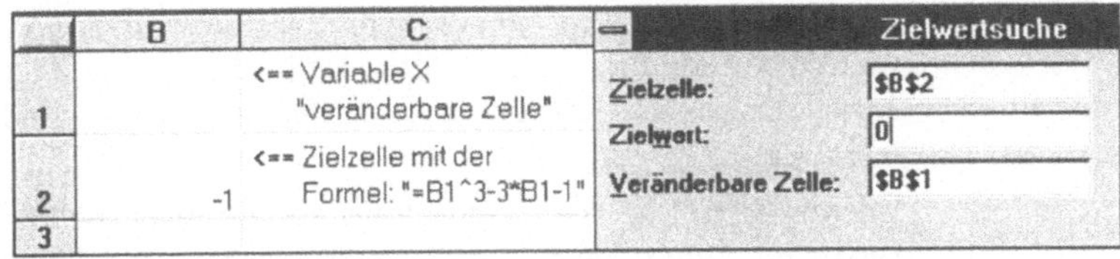

Schließlich erscheint das Fenster „Status der Zielwertsuche“ mit dem Hinweistext „Zielwertsuche hat für die Zelle B2 eine Lösung gefunden:“ und gibt „Zielwert“ <wert>, „aktueller Wert“ <wert> an. Die gesuchte Lösung für *x* im Beispiel ist in der Zelle B1 (-0,347).

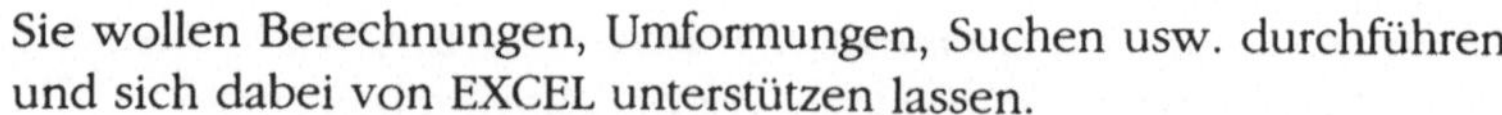

Sie wollen Berechnungen, Umformungen, Suchen usw. durchführen und sich dabei von EXCEL unterstützen lassen.

EXCEL bietet eine umfangreiche Sammlung von Funktionen an (siehe dazu das im Originalprodukt enthaltene Handbuch). Zum Wesen der „Funktion“: Sie ist ein Unterprogramm von EXCEL. Eine Funktion bringt stets einen Wert in die Zelle zurück, in der sie aufgerufen wurde (daher auch das „=“). Beim Aufruf aller Funktionen ist eine bestimmte Schreibweise (Syntax) einzuhalten: **=funktionsname (parameter1;parameter2; ...)**. Die Angaben im Detail:

Am „**=**“ erkennt EXCEL, daß diese Zelle eine Formel enthält. Fehlt das „=“, so wird die Eingabe nur als Text behandelt.

funktionsname: siehe Handbuch; Name des Unterprogramms

(....) - Klammern: zwingende Schreibweise, an der EXCEL die Parameterliste erkennt. Auch wenn darin keine Parameter enthalten sind, müssen die Klammern geschrieben werden; z. B.: =HEUTE() [zeigt das Tagesdatum].

parameter1: die hier angeführten Werte oder Zellbezüge (Adressen) sind durch die Funktion zu verarbeiten. Die Funktion benötigt diese Werte als Eingabe. Es gibt auch Funktionen ohne Parameter.

; - Strichpunkt: Als Trennzeichen zwischen den einzelnen Parametern ist ein Strichpunkt einzugeben.

EXCEL hat auch eine Reihe von Funktionen, die nur in einem Makro verwendbar sind. Ein Hinweis darauf steht in der Funktionsbeschreibung: **Nur in Makrovorlagen**.

Darüber hinaus bietet EXCEL die Möglichkeit, selber Unterprogramme in der EXCEL-eigenen Sprache zu schreiben und damit den Befehlsumfang gezielt zu erweitern.

Schnellzugänge durch Tastenkombinationen: Aufruf des Funktions-Assistenten mit [⇧] + [F3]; Arbeitsmappe neu berechnen: [F9]; nur aktuelles Rechenblatt neu berechnen: [⇧] + [F9].

Eine große Gruppe von Funktionen benötigt Zellbezüge als Eingabewerte (Parameter), die Sie gewöhnlich entweder manuell oder durch Markieren des Bereichs jedes Mal aktuell angeben. In manchen Fällen wollen Sie diese Eingabe dynamisch gestalten.

Nehmen wir an, Sie hätten in Ihrer Tabelle spaltenweise Meßwerte, die Sie statistisch auswerten wollen (zB SUMME(), MITTELWERT() etc). Jedoch nicht immer fix den gesamten Zellbereich, sondern nur einen beliebigen Teil daraus. Dazu benötigen Sie eine Funktion, die als Ergebnis einen Bezug (Zellbereich) liefert: die Funktion **BEREICH.VERSCHIEBEN (Bezug; Zeilen; Spalten;** ***Höhe*****;** ***Breite*****)**. Die einzelnen Parametrer bedeuten:

Bezug: beliebiger Ausgangspunkt auf einer (auch: anderen) Tabelle, das kann eine Zelle oder ein Zellbereich sein; falls es ein Bereich ist, nimmt die Funktion dessen linke obere Ecke;

Zeilen, **Spalten**: Entfernung vom Ausgangspunkt; Anzahl an Zeilen / Spalten, wobei beim Zählen jeweils mit Null begonnen wird (negative Werte zulässig);

Höhe, **Breite**: Ausdehnung des Ergebnisbereichs in Zeilen / Spalten insgesamt, fehlt eine dieser Angaben, so wird sie automatisch aus der Dimension des unter „Bezug" angegebenen Bereichs ergänzt.

Daraus ergibt sich: =SUMME (BEREICH.VERSCHIEBEN (A1;3;4;5;1)) entspricht der Formel =SUMME(E4:E8); von A1 ausgehend drei Zeilen nach unten (ergibt: 4), vier Spalten nach rechts (ergibt: E); und der Ergebnisbereich ist fünf Zeilen hoch (ergibt: 8) und eine Spalte breit (ergibt: E).

Es liegt nahe, daß in der Parameterliste anstelle der hier ausdrücklich angegebenen Werte definierte Namen oder Zellbezüge stehen können. =SUMME (BEREICH.VERSCHIEBEN (ReiheA; D1; D2; D3; D4)) kommt zum gleichen Ergebnis, wenn für die Zelle A1 der Name „ReiheA" definiert wurde und in den Zellen D1 bis D4 die entsprechenden Werte enthalten sind. Durch aktuelle Eingaben in die Zellen D1 bis D4 können Sie nun die Berechnung auf die gewünschten Zellen eingrenzen.

Verwenden Sie die Funktion INDEX(), um für Höhe / Breite die Ausdehnung des in „Bezug" angegebenen Bereichs ermitteln zu lassen.

Sie haben sich ein Diagramm erstellt und wollen die hinter einer dargestellten Kurve stehende Formel bearbeiten.

Gehen Sie ins Diagrammfenster und klicken Sie einen Punkt der Reihe an. Die Bearbeitungszeile zeigt die Formel für die Darstellung der Werte. Die Funktion benötigt vier Parameter; Formelmuster: **=DATENREIHE (Name; Rubriken; Größen; Darstellungsfolge)**.

=DATENREIHE(GRAPHIK.XLS!$B$1;GRAPHIK.XLS!$A$2:$A$15; GRAPHIK.XLS!$B$2:$B$15;1)
DIAGRAMMFORMEL

Name der Datenreihe: im Beispiel oben der Verweis auf die Zelle GRAPHIK.XLS!$B$1

Bezeichnung der **Rubriken** auf der x-Achse: hier aus den Zellen: GRAPHIK.XLS!$A$2:$A$15; es scheinen die eingegebenen Bezeichnung(en) auf.

Die **Größen** (Werte) selber, z. B.: GRAPHIK.XLS!$B$2:$B$15; diese Werte wurden in den Zellen D2 - D15 berechnet. In diesen Zellen können auch Daten aus externen Bezügen stehen.

Die **Reihung** der Kurve; im Beispiel oben: 3; d. h., sie wird als dritte Reihe dargestellt.

„GRAPHIK.xls**!**": Die Notation (Schreibweise) „<tabellenname>!" ist für EXCEL der Hinweis, auf welche Tabelle die Angaben sich beziehen. Die Schreibweise mit dem vorangestellten Tabellennamen wird auch „**externer Bezug**" genannt. Jeder der vier Parameter kann willkürlich verändert werden.

Zum Testen von Berechnungen möchten Sie gleichverteilte Zufallszahlen eingeben; eine Arbeit, die Ihnen EXCEL abnehmen soll.

Die Funktion ZUFALLSZAHL() erzeugt Zufallszahlen zwischen 0 und 1; sollen diese ganzzahlig und zwischen 1 und N liegen, erfordert dies die Formel „**=GANZZAHL (ZUFALLSZAHL() * N)**“.

Es steht noch eine Funktion zur Verfügung, die ganzzahlige Zufallszahlen innerhalb eines bestimmten Bereichs generiert: „**=ZUFALLSBEREICH (a;b)**“, wobei a und b die Intervallgrenzen sind.

Bei jedem Neuaufbau des Rechenblattes (z. B. nach Einfügen oder Herauslöschen von Zeilen / Zellen etc.) werden alle Zufallszahlen neu berechnet; Ebenso mit *EXTRAS - Optionen - Berechnen* oder [F9].

Wenn das automatische Berechnen die übrige Arbeit am Rechenblatt zu sehr behindert, so kann es (dauernd oder vorübergehend) ausgeschaltet werden mit: *EXTRAS - Optionen - Berechnen* ... Option „Automatisch berechnen“ durch Wahl von „Auf Befehl“ ausschalten.

Zum Ausfüllen eines restlichen Zellbereichs verwenden Sie das automatische Ausfüllen durch Ziehen der rechten unteren Zellenecke mit der Maus. EXCEL berechnet für jede dieser Zellen eine andere Zufallszahl.

Ablösen der Werte von der Formel mit: Kopieren in die Zwischenablage mit [Strg] + [Einfg] und Einfügen mit: *BEARBEITEN - Inhalte einfügen ... - Werte*.

Funktion: INDEX()

Sie haben ermittelt, in welcher Zeile und Spalte eines Bereichs Ihrer Tabelle eine bestimmte Information steht. Auf diese Zelle soll die weitere Verarbeitung zugreifen.

INDEX() liefert den **Inhalt** jener Zelle, die durch die Parameter Zeile und Spalte bestimmt wird. Zeile und Spalte verstehen sich relativ zu (d. h. beginnend mit) einer Zelle(ngruppe) („Bereich"). Formelmuster: **=INDEX (Bezug; Zeile; Spalte)**. Die Parameter sind:

Bezug: Zellbereich, kann auch ein dafür definierter Name sein.

Zeile: Nummer der Zeile, innerhalb des Bezugs; die linke obere Zelle des Zellbereichs ist Zeile 1 (und Spalte 1). Der Wert 0 ergibt alle Zeilen.

Spalte: Nummer der Spalte, innerhalb des Bezugs; die linke obere Zelle des Zellbereichs ist Spalte 1 (und Zeile 1). Der Wert 0 ergibt alle Spalten.

	A	B	C	D
1	*Ergebnis*	*unterlegte Formel*		
5	17	=INDEX(C5:D7;3;2)	5	15
6			6	16
7			7	17

Fehlermeldung bei Überschreiten des Bereichs: **#BEZUG!**

Sie haben ein Arbeitsblatt erstellt oder ein Makroprogramm geschrieben und möchten die berechneten Ergebnisse oder den Arbeitsablauf von EXCEL an bestimmten Stellen kontrollieren. Insbesondere wenn Fehlermeldungen auftreten, wollen Sie die Verarbeitung durch entsprechende Abfragen steuern.

Sie können sich sogenannter Informationsfunktionen bedienen. Die folgende Tabelle gibt Ihnen einen Überblick der Funktionen und deren Ergebnis:

INFO(„ ... „)	ergibt Hinweise auf Betriebssystem, Konfiguration etc..
ISTBEZUG()	ergibt WAHR, wenn der Wert der Zelle ein Bezug ist.
ISTFEHL()	ergibt WAHR bei einem Fehlerwert ungleich #NV ist.
ISTFEHLER()	ergibt WAHR, wenn in der Zelle ein Fehlerwert ist.
ISTKTEXT()	ergibt WAHR, wenn in die Zelle keinen Text enthält.
ISTLEER()	ergibt WAHR, wenn die Zelle leer ist.
ISTLOG()	ergibt WAHR, wenn die Zelle einen logischen Wert enthält.
ISTNV()	ergibt WAHR, wenn die Zelle den Fehlerwert #NV enthält.
ISTTEXT()	ergibt WAHR, wenn die Zelle einen Text enthält.
ISTZAHL()	ergibtt WAHR, wenn die Zelle eine Zahl enthält.
NV()	liefert den Fehlerwert #NV.
TYP()	ergibt die Zahl, die den Datentyp des Wertes kennzeichnet.
ZELLE(...)	ergibt Formatierung, Position oder Inhalt einer Zelle.

89 Funktion: SVERWEIS()

Sie wollen in einem mehrspaltigen Bereich Ihrer Tabelle unter den Werten der ersten Spalte suchen, um einen waagrecht daneben liegenden Zellinhalt zu erlangen.

Die Funktion SVERWEIS() ergibt einen **Zellinhalt**. Formelmuster: **=SVERWEIS (Suchkriterium; Datenfeld; Spaltenindex; *Bereich_Verweis*)**. Die Suche erfolgt in der ersten Spalte links des Datenfeldes, und der Index ist die Nummer der Spalten.

Im Gegensatz zur Version 4 kann man durch Angabe des neuen Parameters „Bereich_Verweis" wählen, ob die Werte im Suchbereich aufsteigend geordnet sind (Wert: WAHR oder fehlend) oder nicht (Wert: FALSCH).

Kombination von SVERWEIS() mit VERGLEICH(): Gegeben sei eine Tabelle, die in ihrer obersten, ersten Zeile und ersten Spalte links jeweils Parameter enthält. Die Tabelle kann z. B. durch MEHRFACHFUNKTION() berechnet worden sein.

Aus der ersten Zeile und Spalte sind vorgegebene Werte aufzufinden und der Wert im Schnittpunkt von gefundener Spalte und Zeile herauszusuchen. Formelmuster:

=SVERWEIS(Suchkriterium1;Datenfeld;
VERGLEICH(Suchkriterium2;Suchbereich;Vergleichstyp))

VERGLEICH() ermittelt - abhängig vom Suchkriterium2 - den (Index-) Wert für den Parameter „Spaltenindex"; wobei der „Suchbereich" genau die erste Spalte links von „Datenfeld" ist.

SVERWEIS() sucht in der ersten Zeile links und ermittelt den Wert aus der Tabelle im Schnittpunkt von gefundener Spalte und Zeile.

Fehlermeldung bei erfolgloser Suche: **#NV!**.

Siehe Beispiel unten bei WVERWEIS().

Ein Bereich Ihrer Tabelle enthält Werte. Sie wollen ermitteln: Ist ein bestimmter Wert überhaupt in dem Suchbereich vorhanden und - wenn ja - an welcher Stelle?

VERGLEICH() liefert die **Position** (= numerischer Wert) des Suchkriteriums im Suchbereich. Über den Parameter „Vergleichstyp" kann die Art der Übereinstimmung gewählt werden (siehe unten). Der Positionswert versteht sich relativ zum (d. h. beginnend mit) Suchbereich. Formelmuster: **=VERGLEICH (Suchkriterium; Suchbereich; *Vergleichstyp*)**. Die Parameter sind:

Suchkriterium: Wert, mit dem im Suchbereich gesucht wird. **Suchbereich**: Zellbereich, in dem zu suchen ist; kann auch ein dafür definierter Name sein.

Der **Vergleichstyp**: **+1** (Standard) bewirkt eine Suche nach dem größten Wert, kleiner gleich dem Suchkriterium. **Vergleichstyp 0**: erster Wert, gleich dem Suchkriterium; keine Ordnung zwingend. **Vergleichstyp -1**: kleinster Wert, größer gleich dem Suchkriterium. **Wichtig**: Es erfolgt keine Unterscheidung von Groß- und Kleinschreibung.

Die Vergleichstypen +1 und -1 bedingen die **aufsteigende Ordnung** der Werte im Suchbereich! **Fehlermeldung** bei erfolgloser Suche: **#NV!**

Kombination von INDEX() und VERGLEICH(). Formelmuster: **=INDEX (Bezug; Zeile; VERGLEICH (Suchkriterium; Suchbereich; 0)).** VERGLEICH() ermittelt - abhängig vom Suchkriterium - den Wert für den Parameter „Spalte"; INDEX() ermittelt sodann den Inhalt der Zelle mit dem Bezug (Zeile; Ergebnis aus VERGLEICH()).

Der Unterschied zur Funktion VERWEIS(): VERWEIS bringt direkt den Zellinhalt zurück, hingegen VERGLEICH nur einen numerischen Wert (= relative Positionsnummer).

Siehe Beispiel unten bei WVERWEIS().

91 Funktion: VERWEIS()

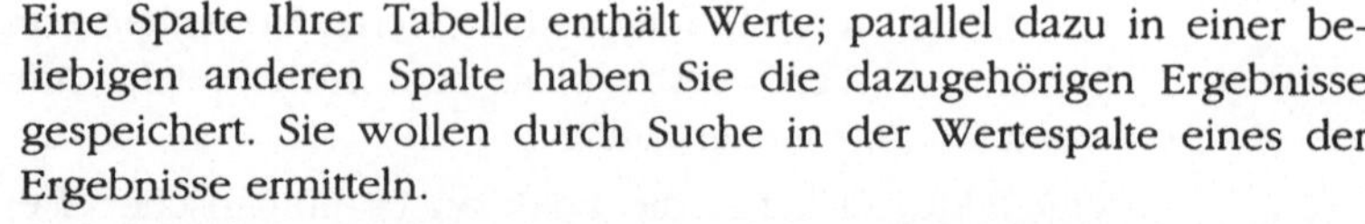

Eine Spalte Ihrer Tabelle enthält Werte; parallel dazu in einer beliebigen anderen Spalte haben Sie die dazugehörigen Ergebnisse gespeichert. Sie wollen durch Suche in der Wertespalte eines der Ergebnisse ermitteln.

Die Funktion VERWEIS() ergibt einen **Zellinhalt**. Formelmuster: **=VERWEIS (Suchkriterium; Suchvektor; Ergebnisvektor)**. EXCEL sucht mit dem Suchkriterium im Suchvektor (das ist ein Bereich in der Verweistabelle) und gibt als Ergebnis das zurück, was es auf der Höhe dieser Zeile im Suchvektor findet. Die Parameter sind:

Suchkriterium: auch „Suchbegriff"; mit diesem Wert wird im Suchvektor gesucht. **Suchvektor**: ein Zellenbereich, in dem zu suchen ist. **Ergebnisvektor**: der Zellenbereich, aus dem das Ergebnis entnommen wird. Es steht in der gleichen Zeile wie der gefundene Wert im Suchvektor.

Die Anwendung der Funktion VERWEIS bedingt, daß der Suchvektor Werte in aufsteigender Reihenfolge enthält. Stellt VERWEIS() beim Suchen keine Übereinstimmung fest, so versucht die Funktion im Suchvektor einen Wert zu finden, der kleiner (oder gleich) dem Suchkriterium ist.

Fehlermeldung: Ist das Suchkriterium jedoch kleiner als der kleinste Wert im Suchvektor, so meldet EXCEL **#NV!** („Wert nicht verfügbar"). Daher folgender **TIP**:

Bauen Sie die Verweistabellen stets so auf, daß die erste Zeile im Suchvektor ein (möglichst kleiner) Wert ist, der nie unterschritten werden kann (z. B. -99999999, 1900-01-01, Leerzeichen usw.).

Siehe Beispiel unten bei WVERWEIS().

Funktion: WVERWEIS()

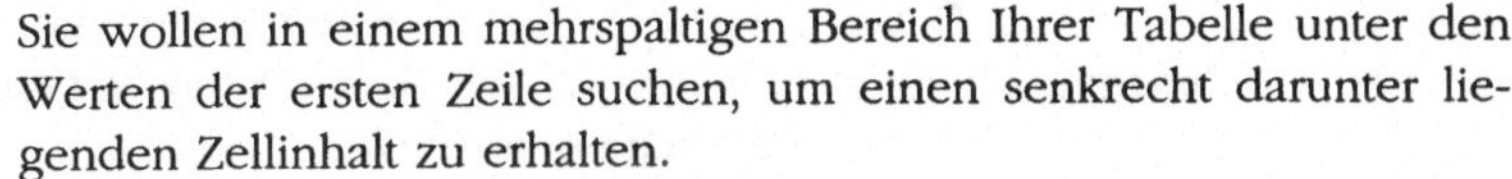

Sie wollen in einem mehrspaltigen Bereich Ihrer Tabelle unter den Werten der ersten Zeile suchen, um einen senkrecht darunter liegenden Zellinhalt zu erhalten.

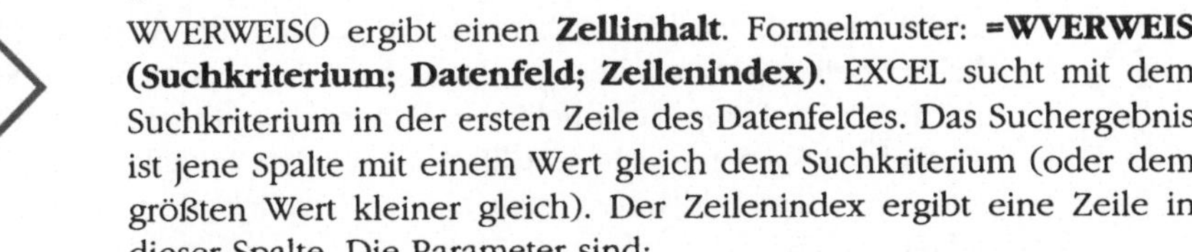

WVERWEIS() ergibt einen **Zellinhalt**. Formelmuster: **=WVERWEIS (Suchkriterium; Datenfeld; Zeilenindex)**. EXCEL sucht mit dem Suchkriterium in der ersten Zeile des Datenfeldes. Das Suchergebnis ist jene Spalte mit einem Wert gleich dem Suchkriterium (oder dem größten Wert kleiner gleich). Der Zeilenindex ergibt eine Zeile in dieser Spalte. Die Parameter sind:

Suchkriterium: auch „Suchbegriff"; damit wird in der ersten Zeile des Datenfeldes gesucht. **Datenfeld**: ein beliebiger Zellbereich. **Zeilenindex**: Nummer der Zeile in der durch das Suchkriterium gefundenen Spalte.

Die Werte im Suchbereich müssen aufsteigend geordnet sein. **Fehlermeldung** bei erfolgloser Suche: **#NV!**. Das Beispiel unten zeigt die Möglichkeiten, mit Suchfunktionen Werte aus einer Tabelle herauszugreifen. Die Tabelle selber wurde übrigens mit der MEHRFACHFUNKTION(), Musterformel '= C41 & " / " & C42', erstellt (siehe früher).

	B	C	D	E	F	G
47		101	102	103	104	105
48	1	1 / 101	1 / 102	1 / 103	1 / 104	1 / 105
49	2	2 / 101	2 / 102	2 / 103	2 / 104	2 / 105
50	3	3 / 101	3 / 102	3 / 103	3 / 104	3 / 105
51	4	4 / 101	4 / 102	4 / 103	4 / 104	4 / 105
52	5	5 / 101	5 / 102	5 / 103	5 / 104	5 / 105
53	6	6 / 101	6 / 102	6 / 103	6 / 104	6 / 105
54	7	7 / 101	7 / 102	7 / 103	7 / 104	7 / 105
55	8	8 / 101	8 / 102	8 / 103	8 / 104	8 / 105
56	9	9 / 101	9 / 102	9 / 103	9 / 104	9 / 105
57	*Ergebnis*	*unterlegte Formel*				
58	4 / 103	=INDEX(C48:G56;4;3)				
59	4 / 103	=VERWEIS(103;C47:G47;C51:G51)				
60	4 / 103	=VERWEIS(4;B48:B56;E48:E56)				
61	4 / 103	=WVERWEIS(103;C47:G56;5)				
62	4	=VERGLEICH(4;B48:B56;0)				
63	3	=VERGLEICH(103;C47:G47;0)				
64	4 / 103	=WVERWEIS(103;C47:G56;VERGLEICH(4;B48:B56;0)+1)				

93 Listentabelle: Überblick über die Möglichkeiten

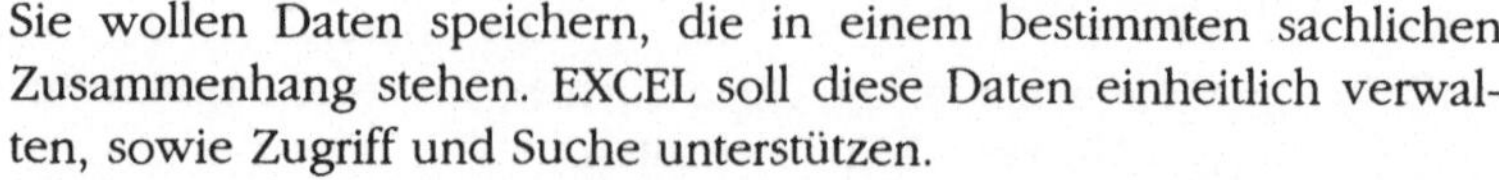

Sie wollen Daten speichern, die in einem bestimmten sachlichen Zusammenhang stehen. EXCEL soll diese Daten einheitlich verwalten, sowie Zugriff und Suche unterstützen.

EXCEL betrachtet einen zusammenhängenden Bereich an Zellen, die mit beliebigen Inhalten gefüllt sind, als Liste. **Neu in der Version 5**: Es ist keine ausdrückliche Benennung dieses Bereichs als „Datenbank“ erforderlich. EXCEL nimmt keine inhaltliche Interpretation vor. Das Bild unten zeigt einen Überblick über die Funktionalität.

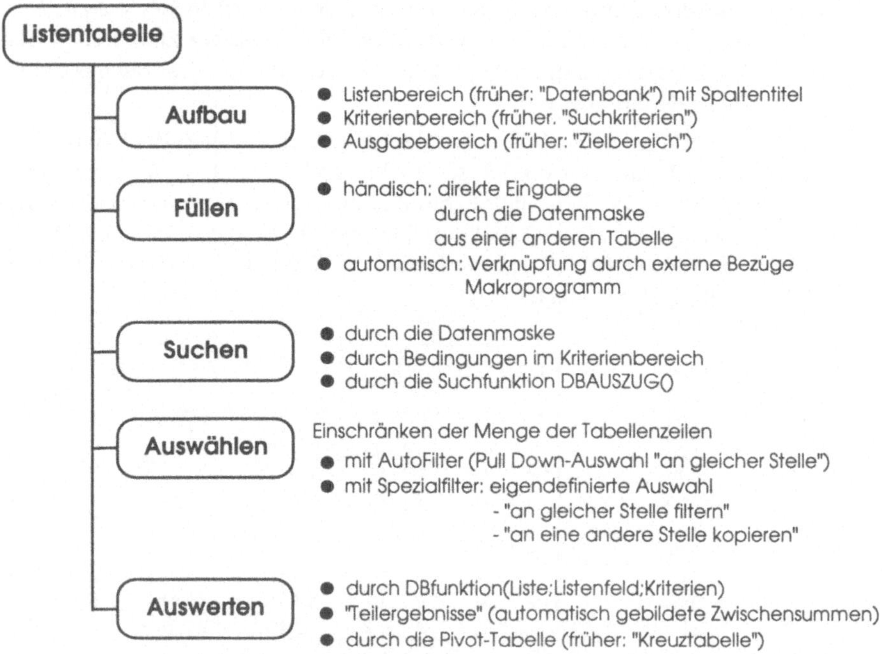

Listentabelle

- **Aufbau**
  - Listenbereich (früher: "Datenbank") mit Spaltentitel
  - Kriterienbereich (früher. "Suchkriterien")
  - Ausgabebereich (früher: "Zielbereich")
- **Füllen**
  - händisch: direkte Eingabe
durch die Datenmaske
aus einer anderen Tabelle
  - automatisch: Verknüpfung durch externe Bezüge
Makroprogramm
- **Suchen**
  - durch die Datenmaske
  - durch Bedingungen im Kriterienbereich
  - durch die Suchfunktion DBAUSZUG()
- **Auswählen**
  - Einschränken der Menge der Tabellenzeilen
  - mit AutoFilter (Pull Down-Auswahl "an gleicher Stelle")
  - mit Spezialfilter: eigendefinierte Auswahl
- "an gleicher Stelle filtern"
- "an eine andere Stelle kopieren"
- **Auswerten**
  - durch DBfunktion(Liste;Listenfeld;Kriterien)
  - "Teilergebnisse" (automatisch gebildete Zwischensummen)
  - durch die Pivot-Tabelle (früher: "Kreuztabelle")

Sie können die Funktion, gefüllte, zusammenhängende Zellen als Einheit zu erkennen, auch unabhängig von der hier beschriebenen Listenbearbeitung, aufrufen, indem Sie auf die rechts gezeigte Schaltfläche klicken. Siehe dazu Rezept 18 „Markieren von Zellbereichen“.

Sie wollen Ihre Daten in einem Rechenblatt so ablegen, daß Sie entweder gleich oder später die Funktionalität der Listenbearbeitung von EXCEL nutzen können.

Eine sog Listentabelle oder Liste, wie im Beispiel unten, besteht aus Datensätzen (= Zeilen) und Datenfeldern (= Spalten). Die Zellen des Listenbereichs sind beliebig formatierbar. Aus den Daten einzelner Spalten können Sie mit jeder gültigen EXCEL-Formel zusätzliche Listenfelder (= Spalten) berechnen.

Neu in der Version 5 ist, daß innerhalb einer Tabelle mehrere zusammenhängende Bereiche durch die von EXCEL bereitgestellten Listen-Funktionen bearbeitet und ausgewertet werden können. Die Funktion „Datenbank festlegen“ der früheren Versionen gibt es nicht mehr. Sie können daher jeden dieser Bereiche mit der Funktion „Maske“ und deren Suchmöglichkeiten bearbeiten (siehe die folgenden Rezepte).

Geben Sie in einer beliebigen Zeile (im Beispiel unten die Zeile 2) die Spaltenüberschriften ein. Damit sind auch gleichzeitig die Feldnamen definiert; in allen Formeln müssen Sie diese Bezeichnungen verwenden. Daher muß jeder Listenbereich als erste Zeile diese Benennung enthalten. Gestaltung und Schreibweise sind frei.

	A	B	C	D	E	F	G	H
1								
2	Datum	lfd Num	Text	Zahler	Art	Veranstaltung	EIN	AUS
3	28. 02. 89	1	Raummiete	Q	BÜR	1010		5.000,00
4	05. 03. 89	2	Referentenhonorar	Q	HON	1010		15.000,00
5	14. 04. 89	3	Skripten	Q	BÜR	1010	13.500,00	
6	21. 04. 89	4	Kopien	Q	BÜR	1010		2.700,00
7	14. 05. 89	5	Teilnehmer	Q	TLN	1010	58.000,00	

EXCEL generiert reservierte Namen: **„Suchkriterien“** für den Kriterienbereich, das ist der Bereich für die Eingabe der Bedingungen, nach denen eine Suche im Bereich Datenbank erfolgen soll; **„Zielbereich“** für den Ausgabebereich, das ist der Bereich für das Suchergebnis. Diese Namensgebung stellen die Kompatibilität mit Tabellen und Makros aus früheren EXCEL-Versionen sicher.

95 Listentabelle: automatische Suche

Sie geben Datensätze ungeordnet in einen Listenbereich ein. Sie wollen sich stets jenen Satz automatisch heraussuchen und anzeigen lassen, der ein bestimmtes Suchkriterium (z. B. den größten Wert in der Datumsspalte = jüngster Eintrag) erfüllt. Jedes Datum kommt nur einmal vor.

Bauen Sie den Listenbereich wie im Beispiel auf und definieren Sie oberhalb die Bereiche für das Suchergebnis und die **Suchkriterien**. Hier ist es die Formel „**=DBMAX** (Datenbank; $A$30; Datenbank)" bezogen auf die Spalte „Anfang", die Zeile mit dem jüngsten Datum ist zu ermitteln. In Zelle A25 des Zielbereichs steht die Formel „=DBAUSZUG (Datenbank; $A$30; Suchkriterien)"; B25 bis D25 analog, es ändert sich nur der Bezug auf die Zelle mit dem Spaltennamen (2. Parameter). Die Funktion **DBAUSZUG()** führt eine Suche in der Datenbank nach Vorgabe der Suchkriterien durch.

	A	B	C	D	E	F
24	Anfang	Dauer	Anfang + Dauer	Feld 4	Feld 5	<== A24 - D25: Formeln
25	24.12.1993	33	26.01.1994	EXCEL	76%	=DBAUSZUG(Datenbank;$A$30;Suchkriterien)
26						
27	Anfang					<== C27 - C28: "Suchkriterien"
28	24.12.1993					=DBMAX(Datenbank;$A$30;Datenbank)
29						
30	Anfang	Dauer	Anfang + Dauer	Feld 4	Feld 5	<== A30 - E37: "Datenbank"
31	12.03.1992	5	17.03.1992	Daten	12%	
32	23.05.1991	7	30.05.1991	Bank	14%	
33	18.10.1990	66	23.12.1990	Bereich	29%	
34	24.12.1993	33	26.01.1994	EXCEL	76%	
35	02.01.1991	38	09.02.1991	Version 5	55%	
36	26.06.1992	22	18.07.1992	na bitte ...	26%	
37	02.02.1993	12	14.02.1993	EXCEL	59%	

Treffen die Suchkriterien auf mehr als auf einen Datensatz zu, so ist das Ergebnis der Formel „=DBAUSZUG (...)" die Fehlermeldung **#ZAHL!**. Eine erfolglose Suche ergibt die Fehlermeldung **#WERT!**.

Durch die Datenmaske können Sie einer Listentabelle Datensätze anfügen oder welche daraus löschen. EXCEL soll die jeweils aktuelle Ausdehnung der Liste ermitteln und für den Druck oder ein Diagramm bereitstellen, so daß Sie sich das jeweilige Markieren ersparen.

Als Grundlage dafür definieren Sie für den gesamten aktuellen Listenbereich den Namen „**Datenbank**" (wählen Sie *EINFÜGEN - Namen - Festlegen ...*). EXCEL verändert den zugeordneten Zellbezug, sobald Sie über die Datenmaske einen Satz anfügen oder löschen.

Dynamischer Druckbereich

Ordnen Sie im Dialogfenster „Namen festlegen" dem Namen „Druckbereich" die Formel „**=Datenbank**" zu. Bei jedem Aufruf der Funktionen „Seitenansicht" oder „Drucken" ermittelt EXCEL den aktuell zu druckenden Zellbereich. Wenn Sie nur einen Teil der Datenbank, zB eine Spalte, ansprechen wollen, dann heißt die Formel „**=INDEX(Datenbank;0;3)**", wobei der Wert 0 alle Zeilen und die 3 die dritte Spalte bezeichnen.

Dynamisches Diagramm

Wenn Sie sich ein Diagramm zeichnen lassen, dann generiert EXCEL für jede Wertefolge in einem Zellbereich die Formel „DATENREIHE(...)", die in der Befehlszeile sichtbar wird, wenn Sie im Diagramm auf eine der dargestellten Kurven klicken. Diese Funktion erfordert vier Parameter; in diesem Zusammenhang ist der dritte wichtig, er zeigt auf den Zellbereich, der die darzustellenden Werte enthält.

Wegen der besseren Übersichtlichkeit definieren Sie sich im Rechenblatt mit dem Datenbankbereich einen Namen, der auf die Werte der Spalte zeigt und der von der Größe des Datenbankbereichs abhängig ist. Definieren Sie z.B. „Spalte3" und ordnen Sie die Formel „**=BEREICH.VERSCHIEBEN (Datenbank;1;2; ZEILEN (Datenbank)-1;1)**" zu. Durch die Parameterwerte 1 und 2 beginnt der Ergebnisbereich mit der zweiten Zeile und der dritten Spalte der Datenbank. Beachten Sie hierbei, daß mit Null zu zählen begonnen wird. **ZEILEN(Datenbank)-1** ergibt die Höhe der Datenbank, verringert um eine Zeile (die Zeile mit der Spaltenüberschrift soll ausgelassen werden).

Gehen Sie in das Diagramm, klicken auf die Kurve aus den Daten der Spalte 3 und ersetzen Sie in der Formel die absolute Bezugsangabe des dritten Parameters durch den vorhin definierten Namen „Spalte3". Aus der Formel „=DATENREIHE (;;'Blattname'!***$C$3:$C$9***;1)" wird „=DATENREIHE (;;'Blattname'!***Spalte3***;1)". In diesem Formelbeispiel sind die beiden ersten Parameter leer.

Wenn Sie nur den Verlauf der letzten, z.B. zehn, Werte einer Datenreihe graphisch darstellen wollen, so müssen Sie die dem Namen „Spalte3" zugeordnete Formel so gestalten: „**=BEREICH.VERSCHIEBEN (Datenbank; ZEILEN(Datenbank)-10; 2; 10; 1)**". Die Angabe „ZEILEN (Datenbank)-10" im zweiten Parameter bewirkt die Ermittlung der Zelle mit dem ersten darzustellenden Wert (hier: der erste von den letzten zehn), und der vierte Parameter gibt die Anzahl der Zeilen an.

Bei jeder Änderung löst EXCEL die hinter dem Namen stehende Formel auf und berechnet den Bezugsbereich neu.

Sie können anstelle der ausdrücklichen Angabe 10 einen Zellbezug oder dessen Namen schreiben und so vom Rechenblatt aus steuern, mit dem wievielt-letzten Wert aus der Reihe die Darstellung beginnen soll. Dabei müssen Sie allerdings überprüfen, ob die Änderung im Diagramm auch automatisch erfolgt. Falls nicht, müssen Sie im Diagramm die Datenreihe anklicken und die in der Befehlszeile editierte Formel einfach bestätigen.

Listentabelle: die Datenmaske benutzen

Für die Eingabe und Suche Ihrer Daten in einer Listen-Tabelle wollen Sie sich von EXCEL durch ein Dialogfenster unterstützen lassen.

Der interaktive Aufruf der Maske erfolgt durch Wahl der Menüpunkte *DATEN - Maske* ... . Damit EXCEL die zu bearbeitenden Zellen der Liste erkennt, gibt es drei Möglichkeiten:

(a) Klicken Sie auf eine Zelle der Liste, wobei die Liste von leeren Zellen umgeben sein muß. EXCEL erkennt dann diesen Bereich selbsttätig.

(b) Sie haben für den Listenbereich den Namen „**Datenbank**" definiert. Ein Anfügen neuer Sätze oder ein Löschen aktualisiert den zugeordneten Zellbezug.

(c) Sie haben vor dem oben beschriebenen Aufruf eine oder mehrere Spalten vollständig markiert, um in der Maske nur eine Auswahl der Daten erscheinen zu lassen.

Daraufhin erscheint das Dialogfenster mit dem Tabellennamen, und es zeigt Ihnen den ersten Datensatz. Mit der senkrechten Schiebeleiste blättern Sie die Datensätze durch. Sie können Daten und Datensätze anzeigen lassen, verändern, hinzufügen oder löschen. Das Bild unten zeigt links den Listenbereich der Tabelle und rechts die Maske dazu. Listen-Tabellen können auch berechnete Felder enthalten (unten mit „Anfang + Dauer" benannt). Diese sind über die Maske nicht zugänglich, da in jeder Zelle eine Formel steht (hier: „= A31 + B23" usw in jeder Zeile analog).

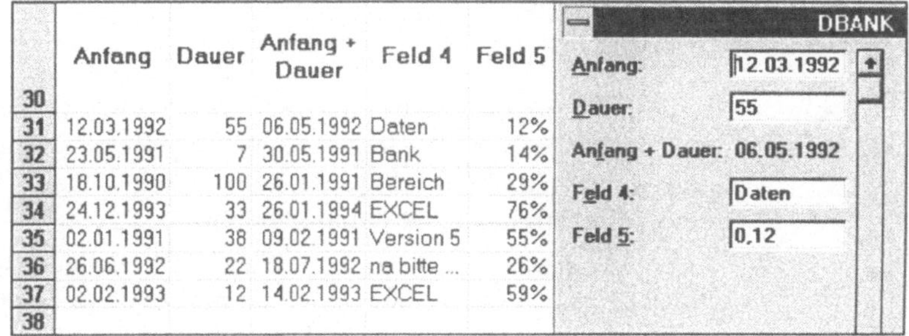

	Anfang	Dauer	Anfang + Dauer	Feld 4	Feld 5
30					
31	12.03.1992	55	06.05.1992	Daten	12%
32	23.05.1991	7	30.05.1991	Bank	14%
33	18.10.1990	100	26.01.1991	Bereich	29%
34	24.12.1993	33	26.01.1994	EXCEL	76%
35	02.01.1991	38	09.02.1991	Version 5	55%
36	26.06.1992	22	18.07.1992	na bitte ...	26%
37	02.02.1993	12	14.02.1993	EXCEL	59%
38					

Wechseln Sie zur Suchfunktion mit dem Funktionsknopf „*Suchkriterien*". Sie tragen die Einschränkungskriterien in die leere Datenmaske ein. Sie blättern im Listenbereich mit „*Vorherigen suchen*" und „*Nächsten suchen*"; **zurück** zur Datenmaske mit „*Maske*"; **beenden** Sie mit „*Schließen*".

Wenn EXCEL keinen Listenbereich erkennen kann (siehe Fall (a) oben), weil Sie z.B. mit dem Cursor in einer leeren Zelle außerhalb stehen, dann erscheint die im Bild gezeigte Meldung.

Keine Liste gefunden. Markieren Sie eine Zelle in Ihrer Liste und Microsoft Excel wird die Liste für Sie markieren.

Wenn Sie einzelne Spalten markieren (Fall (c) oben), jedoch nur einen Teil der Zeilen, so können Sie nur bis zur letzten markierten Zeile blättern. EXCEL weist das Anhängen neuer Sätze ab („**Kann Datenbank oder Liste nicht erweitern**").

EXCEL orientiert sich bei der Listenerkennung am Inhalt der ersten Zellen einer Listenspalte. Wenn Sie mitten aus einer Liste Zellen für die Anzeige in der Datenmaske markieren, erscheint eine der beiden unten gezeigten Meldungen, je nachdem, ob EXCEL die Zellinhalte zuordnen kann oder nicht.

Keine Kopfzeile gefunden. Soll die oberste Zeile des markierten Bereichs als Kopfzeile verwendet werden?

Microsoft Excel hat Kopfzeilen über dem markierten Bereich gefunden. Soll die Markierung vergrößert werden, um die Kopfzeilen mit einzuschließen?

Sie können im Gegensatz zu professionellen Datanbanksystemen die Datensätze nur der Reihe nach (sequentiell) abarbeiten und keine Indices (d.h. eine „logische Reihenfolge") bilden! Eine andere Reihenfolge erreichen Sie durch Sortieren.

Wenn Sie eine interaktive Eingabekontrolle benötigen, wie etwa bei ORACLE, so müssen Sie die Datenmaske zusammen mit den Prüffunktionen in ein EXCEL-Makro einbetten.

Sie wollen sich bei der Auswahl von Datensätzen aus Ihrer Listentabelle so weit wie möglich von EXCEL unterstützen lassen.

Neu in der Version 5 ist die Zusammenfassung von Auswahlfunktionen unter dem Begriff „**Filter**"; ebenso, daß EXCEL selbsttätig zusammenhängende, gefüllte Zellen als Liste erkennt (siehe dazu das vorangehende Rezept). Klicken Sie auf eine beliebige Zelle des Listenbereichs und wählen Sie *DATEN - Filter.* Im Untermenü (Bild rechts) stehen zwei Filtertypen zur Auswahl: AutoFilter, er erlaubt eine rasche einfache Auswahl, und Spezialfilter, mit dem Sie komplexe Bedingungen formulieren können.

AutoFilter für schnelle und einfachere Auswahl

Wählen Sie „**AutoFilter**", so wird in der Kopfzeile der Liste neben den Feldnamen den Pfeil für ein Pull-Down-Menü eingeblendet. Das Menü umfaßt eine Liste aller unterschiedlichen Werte (im Beispiel unten beim Feld 5: 5% und 7%) sowie zusätzlche Optionen.

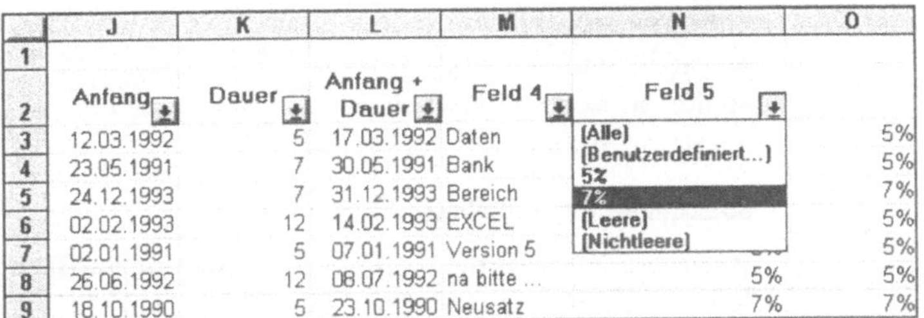

	J	K	L	M	N	O
1						
2	Anfang	Dauer	Anfang + Dauer	Feld 4	Feld 5	
3	12.03.1992	5	17.03.1992	Daten		5%
4	23.05.1991	7	30.05.1991	Bank		5%
5	24.12.1993	7	31.12.1993	Bereich		7%
6	02.02.1993	12	14.02.1993	EXCEL		5%
7	02.01.1991	5	07.01.1991	Version 5		5%
8	26.06.1992	12	08.07.1992	na bitte ...	5%	5%
9	18.10.1990	5	23.10.1990	Neusatz	7%	7%

Da das Menü einen Teil der Spalte N verdeckt, sind die dort eingetragenen Werte rechts daneben nochmals angeführt: sie gehören aber nicht zur Liste. *AutoFilter* ermittelt die gleichen Werte und führt sie im Filtermenü nur einmal an (Satzgruppen). Im Beispiel sollen nur mehr jene Sätze gezeigt werden, die im Feld 5 den Wert 7% enthalten. Das folgende Bild zeigt das Ergebnis der Funktion AutoFilter.

	J	K	L	M	N
1					
2	Anfang	Dauer	Anfang + Dauer	Feld 4	Feld 5
5	24.12.1993	7	31.12.1993	Bereich	7%
9	18.10.1990	5	23.10.1990	Neusatz	7%

Nur zwei Datensätze, nämlich jene in den Zeilen 5 und 9, erfüllen die gestellte Bedingung (Feld 5 gleich 7%). Sie können jetzt bei jedem Feld noch weitere Bedingungen stellen. Da immer alle Bedingungen gleichzeitig erfüllt sein müssen (logisches UND), schränkt sich die Ergebnismenge schrittweise ein. Umgekehrt können Sie die Bedingungen in beliebiger Reihenfolge wieder aufheben (wählen Sie „(Alle)“ im Pull-Down-Menü) oder abändern.

Eine zusätzliche Bewegungsfreiheit gewährt die Option „(Benutzerdefiniert ...)“, siehe das Bild rechts. Hier können Sie zwei Bedingungen miteinander verknüpfen; jedoch beziehen sie sich immer nur auf jene Spalte, in der Sie das Filtermenü aufrufen.

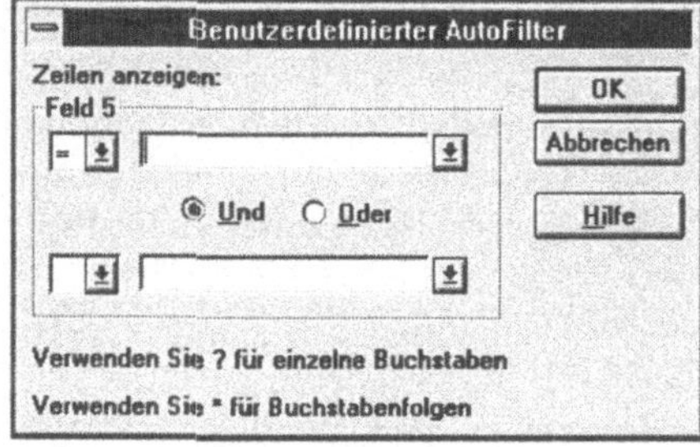

Spezialfilter für komplexere Auswahl

Wenn Sie im eingangs gezeigten Menü „**Spezialfilter ...**“ wählen, so öffnet sich das gleichnamige Dialogfenster (siehe Bild), das Ihnen durch frei gestellte Bedingungen im Kriterienbereich („Suchkriterien“) eine weitere Auswahlfunktionalität zur Verfügung stellt. Sie ist im wesentlichen jene der früheren Versionen.

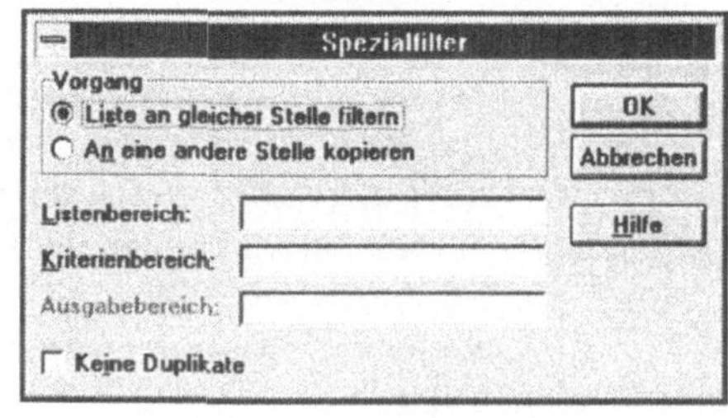

99 Die Pivot-Tabelle („Kreuztabelle“), Grundlagen

Sie haben eine Listen-Tabelle erstellt und wollen sie nach bestimmten Gesichtspunkten gruppiert auswerten. EXCEL soll die Daten zu einem Bericht zusammenführen.

Die folgenden Erklärungen gehen vom Beispiel einer Ein- und Ausgabenrechnung für Lehrveranstaltungen aus. Eine Liste (siehe erstes Bild auf der nächsten Seite) enthält pro Zahlungsvorgang einen Datensatz mit dem Geldbetrag, einem Text und etlichen Kennzeichen für die beabsichtigte Auswertung. Die Zuordnung der Geldbewegung ist aus dem Kürzel in der Listenspalte „Art“ ersichtlich, die Listenspalte „Text“ detailliert dies noch weiter und die Spalte „Zahler“ nennt die verantwortliche Stelle.

Die gewünschte Auswertung soll die Aufteilung von Erträgen (Listenspalte „EIN“) und Kosten (Listenspalte „AUS“) auf die einzelnen Veranstaltungen (Nummern) zeigen. Zusätzlich soll noch eine Auswahl der Sichtweise möglich sein: alle Bewegungen oder nur jene, die einen bestimmten Zahler betreffen.

Der neue Assistent für die Pivot-Tabelle (früher: Kreuztabelle) führt Sie in vier Schritten durch das Erstellen des Berichts. EXCEL wendet das Prinzip der Satzgruppenverarbeitung (wie z. B. in dBASE, ORACLE bekannt) an. Die Daten der Listentabelle werden anhand bestimmter Kriterien gruppiert und zu einem gemeinsamen Berechnungsergebnis verarbeitet. Dafür stehen statistische Funktionen wie **Summe, Anzahl, Mittelwert, Varianz** usw. zur Verfügung. Der Assistent geht von den Daten in der Listentabelle aus, die er selbständig oder anhand der Namensdefinition „Datenbank“ erkennt. Es entsteht eine Berichtstabelle, die EXCEL als neues Blatt der aktuellen Arbeitsmappe vorne anreiht. Ihre Originaldaten bleiben dabei unverändert.

Anm: Der hier verwendete Begriff „Listenspalte“ bezeichnet eine Spalte in der Listentabelle als Datenquelle.

Aus dieser Listentabelle ...

	A	B	C	D	E	F	G	H
2	Datum	lfd Num	Text	Zahler	Art	Veran-staltung	EIN	AUS
3	28. 02. 93	1	Raummiete	Q	BÜR	3080		6.000,00
4	28. 02. 93	2	Skripten	K	TLN	4015	38.000,00	
5	28. 02. 93	3	Skripten	K	BÜR	4015		4.702,00
6	05. 03. 93	4	Referentenhonorar	Q	BÜR	1010		5.000,00
7	21. 04. 93	5	Kopien	Q	TLN	2020	5.801,00	
8	14. 05. 93	6	Teilnehmer	K	HON	4015		15.002,00
9	30. 05. 93	7	Subvention	Q	HON	3080		25.000,00
10	06. 06. 93	8	Raummiete	K	SUB	4015	45.000,00	
11	20. 06. 93	9	Referentenhonorar	K	BÜR	4015	2.500,00	
12	09. 07. 93	10	Skripten	Q	BÜR	1010	13.500,00	
13	10. 07. 93	11	Kopien	Q	SUB	2020	5.501,00	
14	10. 07. 93	12	Teilnehmer	Q	TLN	3080	55.000,00	
15	19. 07. 93	13	Subvention	Q	BÜR	3080		24.700,00
16	31. 07. 93	14	Raummiete	Q	BÜR	2020		500,00
17	01. 08. 93	15	Referentenhonorar	Q	TLN	1010	58.000,00	
18	12. 08. 93	16	Skripten	Q	BÜR	1010		5.000,00
19	28. 08. 93	17	Kopien	Q	BÜR	2020		271,00
20	14. 09. 93	18	Teilnehmer	Q	BÜR	2020	751,00	
21	30. 09. 93	19	Subvention	Q	HON	1010		15.000,00
22	05. 10. 93	20	Raummiete	Q	BÜR	3080	7.510,00	
23	08. 10. 93	21	Referentenhonorar	Q	SUB	1010	55.000,00	
24	10. 11. 93	22	Skripten	Q	SUB	3080	26.000,00	
25	17. 11. 93	23	Kopien	Q	HON	2020		1.500,00

Pivot-Tabelle Kassabuch / Datenbank Kassabuch, DB-Fu. / DB-Li

... erzeugt die Pivot-Tabelle diese Auswertung:

Zahler	(Alle)										
		Veranstaltun	Daten								
		1010		2020		3080		4015		Gesamt: Summe - EIN	Gesamt: Summe - AUS
Art	Text	Summe - EIN	Summe - AUS	Summe - EIN	Summe - AUS	Summe - EIN	Summe - AUS	Summe - EIN	Summe - AUS		
BÜR	Kopien				271,00						271,00
	Raummiete				500,00	7.510,00	6.000,00			7.510,00	6.500,00
	Referentenhonorar		5.000,00					2.500,00		2.500,00	5.000,00
	Skripten	13.500,00	5.000,00						4.702,00	13.500,00	9.702,00
	Subvention						24.700,00		5.002,00		29.702,00
	Teilnehmer		2.700,00	751,00						751,00	2.700,00
BÜR Summe		13.500,00	12.700,00	751,00	771,00	7.510,00	30.700,00	2.500,00	9.704,00	24.261,00	53.875,00
HON	Kopien				1.500,00						1.500,00
	Subvention		15.000,00				25.000,00				40.000,00
	Teilnehmer								15.002,00		15.002,00
HON Summe			15.000,00		1.500,00		25.000,00		15.002,00		56.502,00
SUB	Kopien			5.501,00						5.501,00	
	Raummiete							45.000,00		45.000,00	
	Referentenhonorar	55.000,00								55.000,00	
	Skripten					26.000,00				26.000,00	
SUB Summe		55.000,00		5.501,00		26.000,00		45.000,00		131.501,00	
TLN	Kopien			5.801,00						5.801,00	
	Referentenhonorar	58.000,00								58.000,00	
	Skripten							38.000,00		38.000,00	
	Teilnehmer					55.000,00				55.000,00	
TLN Summe		58.000,00		5.801,00		55.000,00		38.000,00		156.801,00	
	Kopien Summe			11.302,00	1.771,00					11.302,00	1.771,00
	Raummiete Summe				500,00	7.510,00	6.000,00	45.000,00		52.510,00	6.500,00
	Referentenhonorar Summe	113.000,00	5.000,00					2.500,00		115.500,00	5.000,00
	Skripten Summe	13.500,00	5.000,00			26.000,00		38.000,00	4.702,00	77.500,00	9.702,00
	Subvention Summe		15.000,00				49.700,00		5.002,00		69.702,00
	Teilnehmer Summe		2.700,00	751,00		55.000,00			15.002,00	55.751,00	17.702,00
Gesamtergebnis		126.500,00	27.700,00	12.053,00	2.271,00	88.510,00	55.700,00	85.500,00	24.706,00	312.563,00	110.377,00

Ausgangspunkt für die Pivot-Tabelle ist eine beliebige Liste, die aus einer beliebigen Anzahl von Listenspalten besteht. Diese Spalten haben untereinander keine Hierarchie; es besteht auch kein Zwang zu einer bestimmten Reihenfolge. Die gleiche „Un-Ordnung" besteht auch unter den Zeilen (Datensätzen). Erst die durch eine Fragestellung gesteuerte Auswertung bestimmt die Über- oder Unterordnung einzelner Spalten und mit welchen Daten aus welchen Spalten Berechnungen durchzuführen sind.

Der Vorteil dieser neutralen Datenhaltung in Tabellen liegt in der leichten und völlig freien Auswertbarkeit. Andererseits erfordert das Erstellen einer Auswertung ein wenig Planungsarbeit. Das Bild rechts zeigt den grundsätzlichen Aufbau der Pivot-Tabelle. Mindestanforderung ist, daß wenigstens eine Listenspalte dem Bereich „Daten" zugeordnet wird.

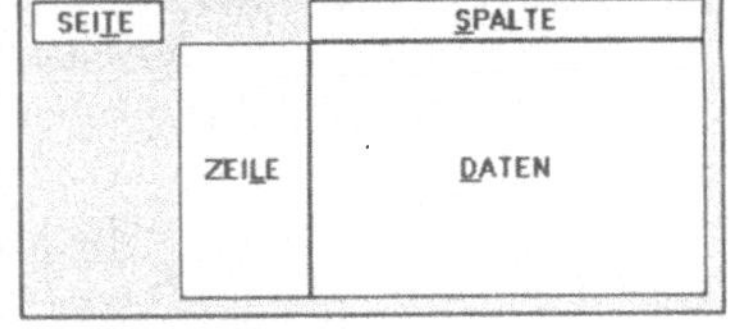

WICHTIG: Sie können eine Listenspalte nur einem der vier Bereiche zuordnen!

Denkweise in Gruppen: Die Gruppierung (Verdichtung) der Daten ist die grundlegende Logik der Pivot-Tabelle. Die Verdichtung erfolgt durch statistische Funktionen wie Summe, Anzahl, Mittelwert, Abweichung usw. Somit erhält man grundsätzlich keine Auflistung der einzelnen Datensätze aus der Listentabelle, sondern stets eine Abbildung mehrerer Sätze auf ein Ergebnis.

Das Bild unten zeigt die Gruppierung der Daten aus dem Beispiel: rechts der Vorrat an Feldern (= Listwenspalten) und links die Zuordnung.

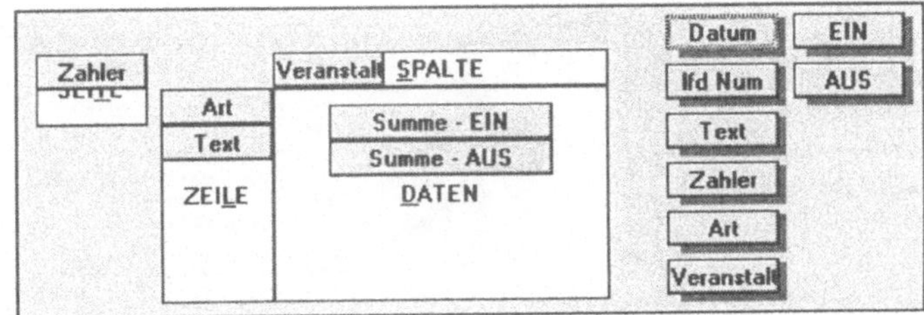

Sie haben eine Listentabelle (= Datenquelle) erstellt und möchten die Daten darin durch eine Pivot-Tabelle zu einer Auswertung weiterverarbeiten.

Klicken Sue auf eine beliebige Zelle in der Listentabelle und wählen Sie *Daten - Pivot Tabelle ....* Dadurch rufen Sie den vierteiligen Pivot-Tabellen-Assistenten auf. Der **erste Schritt** fordert zur Angabe der Quellenart auf. Im **zweiten Schritt** ist der Bezug des Bereichs anzugeben, in dem sich die Listentabelle befindet. EXCEL erkennt einen zusammenhängenden Bereich gefüllter Zellen selbsttätig; ist für einen Bereich der Name „**Datenbank**" definiert, so wird dieser vorgeschlagen. Über die Schaltfläche „*Durchsuchen ...*" können Sie eine neue Arbeitsmappe laden. Im **Schritt Drei** erfolgt das Gestalten der Pivot-Tabelle (siehe „Grundlagen").

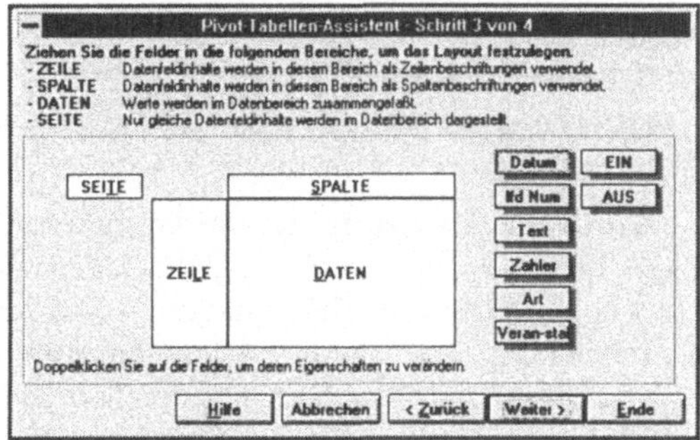

Der **vierte Schritt** ermöglicht noch die Wahl von Optionen, darunter jene, ob für die Zeilen oder Spalten ganz am Schluß noch **Gesamtsummen** gebildet werden sollen.

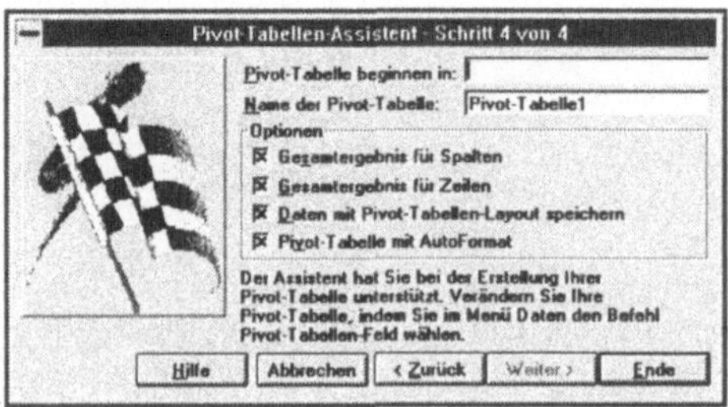

101 Pivot-Tabelle: Strukturierung der Daten

Die ungeordneten Spalten Ihrer Listentabelle sollen als Datengruppen in Ihrer Pivot-Tabelle aufscheinen.

Bilden Sie für jede Pivot-Tabelle einen **Hauptaspekt** und einen **Unteraspekt,** wobei dieser in zwei gleichrangige Äste geteilt werden kann. Die Entscheidung, ob Sie in die Tiefe („Zeilen") oder in die Breite („Spalten") arbeiten, ergibt sich in erster Linie aus der Übersichtlichkeit des Druckbildes und der Handhabbarkeit der generierten Pivot-Liste. Da im allgemeinen breitere Listen gewöhnungsbedürftiger sind, sei hier empfohlen, die Feldkombinationen mit der **größeren Vielfalt senkrecht** („Zeilenfelder") anzuordnen und jene mit der **geringeren Vielfalt waagrecht** („Spaltenfelder").

Hauptaspekt, „Seite": Das Seitenfeld bildet die oberste Hierarchiestufe; sie ist mit jener Filterfunktion ausgestattet, die weiter vorne im Rezept „Filter (Auswählen)" unter der Bezeichnung **AutoFilter** beschrieben ist. An dieser Stelle können Sie auswählen, ob sich die gesamte nachfolgende Auswertung auf alle Gruppen dieser Listenspalte bezieht oder ob sie auf eine bestimmte eingeschränkt werden soll. Wenn Sie mehrere Listenspalten zu Seitenfeldern bestimmen, dann kumuliert sich die Einschränkung (logisches UND). Im Beispiel ist „Zahler" das Seitenfeld; die Auswertung läßt sich auf den Zahler „K" oder „Q" einschränken.

	A	B
3	Zahler	(Alle)
		K
		Q
4		(Alle)

Unterspekt 1, „Zeile": Die Reihung der als Zeilenfelder bestimmten Listenspalten ergibt deren Hierarchie. Im Beispiel wird die Gruppe „Art" noch weiter durch (Unter-)Gruppen aus „Text" detailliert. Das Ergebnis zeigt der Ausschnitt aus der Pivot-Liste rechts: Jede Gruppe aus „Art" kann summiert werden; ebenso jede Gruppe aus „Text" gesammelt am Schluß vor dem Gesamtergebnis.

	A	B
19	SUB	Kopien
20		Raummiete
21		Referentenhonorar
22		Skripten
23	SUB Summe	
24	TLN	Kopien
25		Referentenhonorar
26		Skripten
27		Teilnehmer
28	TLN Summe	
29		Kopien Summe
30		Raummiete Summe
31		Referentenhonorar Summe
32		Skripten Summe
33		Subvention Summe
34		Teilnehmer Summe
35	Gesamtergebnis	

Unteraspekt 2, „Spalte“: Die Spaltenfelder erstrecken sich waagrecht; auch hier kann eine Hierarchie mehrerer Felder aufgebaut werden. Im Beispiel sind die Veranstaltungen waagrecht aufgetragen. Die **unterste Stufe** dieser Hierarchie bilden stets jene Listenspalten, die dem Bereich „Daten“ zugeordnet wurden. Im Beispiel die Felder „EIN“ und „AUS“. Das Bild unten zeigt das Ergebnis aus der Pivot-Tabelle.

	C	D	E	F	G	H	I	J	K	L
5	Veranstaltung	Daten								
6	1010		2020		3080		4015		Gesamt: Summe - EIN	Gesamt: Summe - AUS
7	Summe - EIN	Summe - AUS	Summe - EIN	Summe - AUS	Summe - EIN	Summe - AUS	Summe - EIN	Summe - AUS		

In jedem der Pivot-Tabellenfelder, mit Ausnahme des Bereichs „Daten“, können Sie beliebig eine oder mehrere **Datengruppen ausblenden** und damit das Ergebnis der Auswertung wesentlich verändern (Auswahlliste „Ausblenden“ im Dialogfenster „Pivot-Tabellen-Feld“).

Beachten Sie auch die Erklärungen zum Begriff „**Satzgruppenverarbeitung**“ im Rezept 105 „Listentabelle: Teilergebnisse berechnen lassen".

Sie haben eine Pivot-Tabelle erstellt und möchten darin ein Tabellenfeld direkt bearbeiten, ohne die Tabelle von Grund auf neu zu erstellen.

Im Pivot-Tabellen-Assistenten haben Sie einzelne Spalten aus der Listentabelle (= Datenquelle) zu Seitenfeldern definiert (im Beispiel unten „Zahler"), außerdem Zeilenfelder (hier „Art" und „Text") oder Spaltenfeldern („Veranstaltung") definiert. Das nächste Bild zeigt die Situation im Schritt 3 des Assistenten:

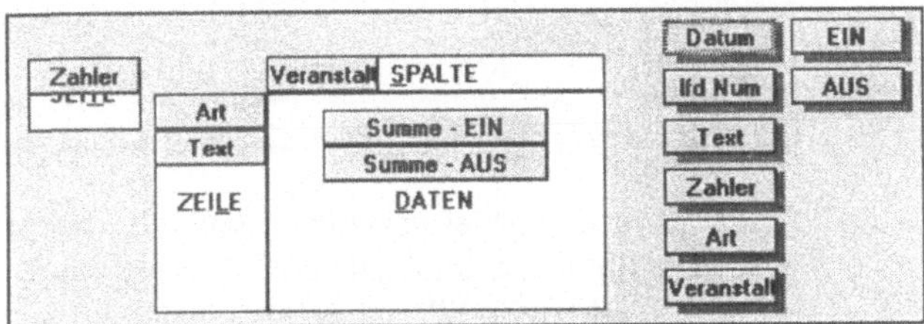

Die von EXCEL erzeugte Pivot-Tabelle enthält Zellen mit den Namen dieser speziellen Felder. Im nächsten Bild unten sind das die Zellen „Zahler" (A3), „Art" (A7), „Text" (B7) und „Veranstaltung" (C5).

	A	B	C	D	E
3	Zahler	(Alle)			
4					
5			Veranstaltung	Daten	
6			1010		2020
7	Art	Text	Summe - EIN	Summe - AUS	Summe - EIN
8	BÜR	Kopien			

Klicken Sie doppelt auf eines dieser Felder, z.B. auf „Art", und Sie gelangen in das unten gezeigte Dialogmenü „Pivot-Tabellen-Feld". Zugang über die Menüs: *DATEN - Pivot-Tabellen-Felder ....*

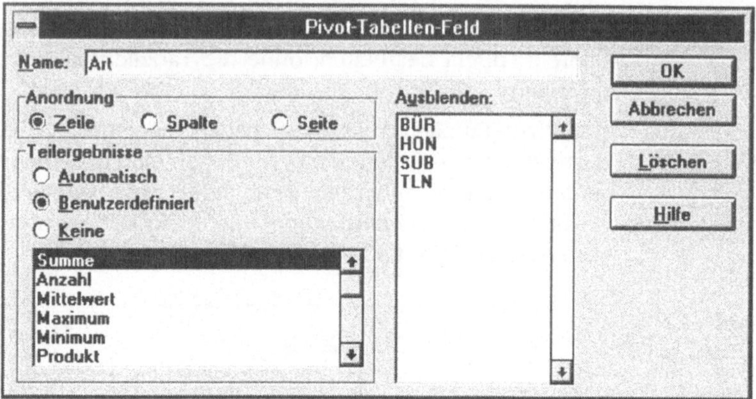

Unter „Anordnung“ ist ersichtlich, daß die Listenspalte „Art“ als Seitenfeld definiert ist und daß als „Teilergebnisse“ Summen gebildet werden. Klicken Sie alle gewünschten Funktionen an, die für diese Daten, gruppiert nach den im Auswahlfenster rechts daneben gezeigten Inhalten, gerechnet werden sollen.

Im Auswahlfenster „Ausblenden“ sind alle Datengruppe in dieser Listenspalte angezeigt. Klicken Sie einen oder mehrere Einträge an, und Sie verändern die Pivot-Liste entsprechend. Sie können diese Einstellungen direkt in der Pivot-Tabelle ändern, ohne den Assistenten aufrufen zu müssen.

Wenn Sie im Bereich der Pivot-Tabelle eine Zelle mit der rechten Maustaste anklicken, dann steht Ihnen das rechts gezeigte Kontextmenü zur Vergügung.

Ausschneiden
Kopieren
Einfügen
Inhalte einfügen...
Zellen einfügen...
Zellen löschen
Inhalte löschen
Zellen formatieren...
Daten aktualisieren
Seiten anzeigen...
Gliederung ▸
Seitenfeld hinzufügen ▸
Pivot-Tabelle...
Pivot-Tabellen-Feld...

Beachten Sie auch die Erklärungen zum Begriff „**Satzgruppenverarbeitung**“ im Rezept 105 „Listentabelle: Teilergebnisse berechnen lassen".

Sie haben eine Pivot-Tabelle erstellt und möchten diese direkt bearbeiten, ohne sie von Grund auf neu zu erstellen.

EXCEL bietet Ihnen eine Reihe von Werkzeugen, die entweder über die beim Aufschlagen der Pivot-Tabelle automatisch eingeblendeten Funktionssymbole (Symbolleiste „Pivot-Tabelle und Gliederung") oder durch Anklicken der einzelnen sensitiven Zellen zugänglich sind.

Wechsel in den Pivot-Tabellen-Assistenten

Klicken Sie auf eine Zelle des Pivot-Tabellenbereiches und dann auf das Symbol „Pivot-Tabelle" (Bild rechts). Zugang über die Menüs: *DATEN - Pivot-Tabelle ...*.

Zusätzliches Gliedern der Pivot-Tabelle

Sie können das bekannte Gliedern einer Tabelle auch hier anwenden (Hinauf- und Hinunterstufen von Zeilen und Spalten). Die Gliederung bleibt allerdings auch dann bestehen, wenn Sie die Pivot-Tabelle mit dem Assistenten umgestalten. Dann müssen Sie die Gliederungsbereiche anpassen.

Details ein- und ausblenden

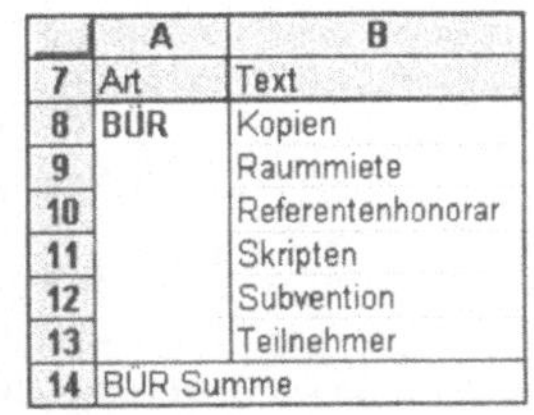

	A	B
7	Art	Text
8	BÜR	Kopien
9		Raummiete
10		Referentenhonorar
11		Skripten
12		Subvention
13		Teilnehmer
14	BÜR Summe	

In den Bereichen „Zeile" und „Spalte", also in den Zellen links und über dem Datenteil der Pivot-Tabelle, scheinen die Namen der Datengruppen auf; im Bild rechts z.B. „BÜR" in der Zelle A8. Klicken Sie auf eine dieser Zellen und dann auf eine der beiden gezeigten Symbole, wenn Sie nur für die Gruppe „BÜR" die nachgeordneten Details ein- (+) oder ausblenden (-) wollen. Wenn Sie das gleiche für alle diese Gruppen durchführen möchten, dann stellen Sie den Cursor auf das Feld mit dem Namen der Listenspalte (hier: „Art" in der Zelle A7).

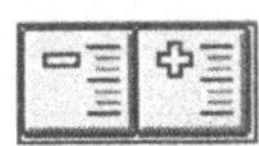

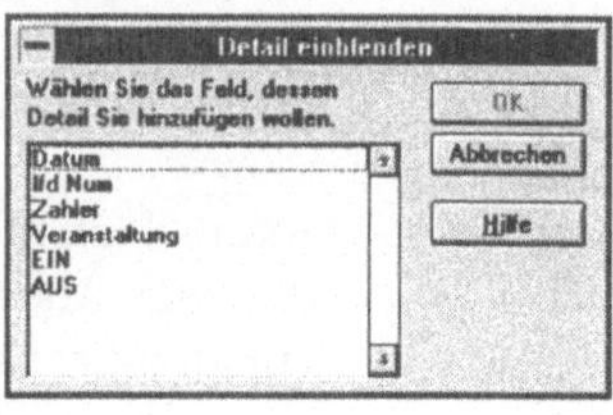

Wollen Sie zu der momentan untersten Gruppe noch Details anzeigen lassen, so gelangen Sie mit dem Symbol (+) direkt in das Dialogfenster „Detail einblenden“ (Bild rechts). Nun können Sie, wie im Schritt 3 des Assistenten, eine weitere Gruppe in die Pivot-Tabelle aufnehmen.

Automatisch erstellte Varianten

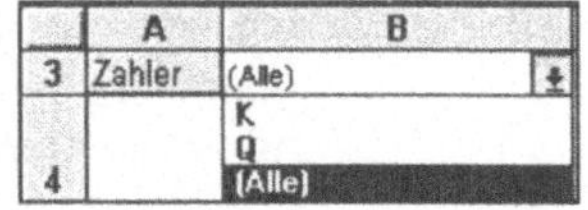

Wenn Sie ein Seitenfeld definiert haben (siehe Struktur der Pivot-Tabelle), dann steht Ihnen eine Filterfunktion zur Verfügung. Dies können Sie nutzen, um sich alle Varianten generieren zu lassen. Stellen Sie den Cursor auf die Zelle, die den Namen des Seitenfeldes enthält (im Beispiel „Zahler“ in A3) und klicken Sie auf das hier gezeigte Symbol „Seiten anzeigen“. Sie erhalten dann eine Tabelle über alle Daten und dann eine pro Datengruppe (im Beispiel für „K“ und für „Q“). Die neuen Tabellen werden auf getrennten Blättern der aktuellen Arbeitsmappe vorne angefügt. Diese Funktion läßt sich nicht auf mehrere Seitenfelder gleichzeitig anwenden. Die schon bestehende Variante wird nicht nochmals erzeugt. Sie können diese Kopien dann unabhängig voneinander bearbeiten.

Aktualisieren der Pivot-Tabelle

Stellen Sie den Cursor in den Bereich der Pivot-Tabelle und klicken Sie auf das rechts gezeigte Symbol. Damit aktualisieren Sie die Pivot-Tabelle sowie alle generierten Varianten. Menüzugang: *DATEN - Daten aktualisieren.*

Sie haben eine Listentabelle aufgebaut und wollen darin Datensätze suchen, die - im Gegensatz zur Funktion AutoFilter - mehr als nur die Bedingung der Gleichheit erfüllen sollen.

Dazu reservieren Sie sich Sie einen Bereich des Rechenblattes für die Auswahlbedingungen: In diesen (zwei oder mehr) Zeilen stehen die Bedingungen, nach denen die Daten auszuwählen sind. Sobald Sie den Bezug dieses Bereichs im Dialogfenster „Spezialfilter" in das Eingabefeld „Kriterienbereich" eintragen, definiert EXCEL selbsttätig den Namen **„Suchkriterien"**. EXCEL trägt beim nächsten Aufruf den zugeordneten Bezug in das genannte Eingabefeld ein, den Sie jederzeit durch Markieren neu definieren können.

Bauen Sie diesen Bereich wie folgt auf: Die **erste Zeile** (im Beispiel unten die Zeile 13) enthält die Feldnamen (= Spaltenüberschriften). In der **zweiten Zeile** und in den **folgenden** stehen die zu erfüllende Bedingungen. Es gilt: Alle Bedingungen, die nebeneinander eingetragen werden, sind von einem Datensatz zugleich zu erfüllen (logisches UND). Alle Bedingungen, die untereinander eingetragen werden, sind von einem Datensatz alternativ zu erfüllen (logisches ODER).

	A	B	C	D
12				
13	Feld 1	Feld 1	<== A13 - B15: "Suchkriterien"	
14	>=7	<=12	7 <= Feld 1 <= 12	ODER
15	>=39	<=66	39 <= Feld 1 <= 66	
16				

VON - BIS - Suchkriterien sind in zwei Einzelbedingungen (siehe Beispiel oben) in einer Zeile (= logisches UND) zu zerlegen. Ein weiterer Auswahlbereich muß analog in einer Folgezeile eingetragen werden. Sparen Sie sich das Abschreiben der Feldnamen durch Eingabe des Bezugs (z. B. „=$A$6") auf die jeweiligen Spaltenüberschriften im Bereich Datenbank.

Achtung Falle: Sollte bei einem Wechsel der Abfrage eine der Zeilen 2 und folgende ohne Eintrag bleiben, so muß sie unbedingt aus der Definition des Suchkriterienbereichs ausgenommen werden, da EXCEL die Datensätze sonst mit den leeren Zellen vergleicht und alle Datensätze als Lösung ausgibt.

105 Listentabelle: Teilergebnisse berechnen lassen

Sie haben eine Listentabelle aufgebaut und möchten für bestimmte Gruppen von Daten Berechnungen in die Tabelle einfügen. EXCEL soll Sie dabei unterstützen.

Klicken Sie auf ein Feld der Listentabelle und wählen Sie *DATEN - Teilergebnisse* .... Die gesamte Liste wird markiert, und es erscheint das Dialogfenster „Teilergebnisse“ (Bild rechts). Darin können Sie das „Gruppieren nach“ einer der Listenspalten, „Unter Verwendung von“ einer der statistischen Funktionen (z.B. Summe, Anzahl usw) auswählen und dann noch die Daten aus einzelnen Spalten bestimmen, welche für die Berechnungen heranzuziehen sind.

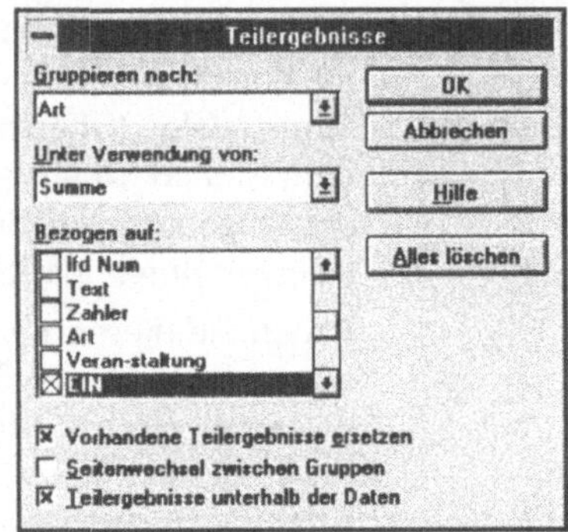

Über die **Optionen** steuern Sie, ob die neuen Berechnungen alte Teilergebnisse ersetzen sollen oder ob Sie sie hinzugefügen wollen. Das Beispiel auf der nächsten Seite zeigt das Ergebnis aus einer zweimaligen Anwendung der Funktion „Teilergebnisse“. Zuerst wurde anhand des Inhalts der Spalte „Zahler“ summiert und dann nach den Kennungen in der Spalte „Art“. EXCEL fügt in den entsprechenden Zeilen und Spalten die jeweils gewählte Funktion samt passender Bereichsangabe ein. Bei mehrmaligerm Aufruf der Funktion „Teilergebnisse“ müssen Sie ab dem zweiten Mal die Option „Vorhandene Teilergebnisse ersetzen“ ausschalten!

Zusätzlich wird die Listentabelle so gegliedert, daß sich die Detaildaten ausblenden lassen. Damit können Sie die Tabelle so „zusammenfalten“, daß nur mehr die erzeugten Teilergebnisse sichtbar bleiben.

Mit der Schaltfläche „***Alles löschen***“ entfernen Sie die erzeugten Teilergebnisse aus der Listentabelle.

	C	D	E	F	G	H
2	Text	Zahler	Art	Veran-staltung	EIN	AUS
3	Skripten	K	BÜR	4015		4.702,00
4	Referentenho	K	BÜR	4015	2.500,00	
5	Subvention	K	BÜR	4015		5.002,00
6			**BÜR Ergebnis**		2.500,00	9.704,00
7	Kopien	K	HON	2020		1.500,00
8	Teilnehmer	K	HON	4015		15.002,00
9			**HON Ergebnis**		0,00	16.502,00
10	Kopien	K	SUB	2020	5.501,00	
11	Raummiete	K	SUB	4015	45.000,00	
12			**SUB Ergebnis**		50.501,00	0,00
13	Referentenho	K	TLN	1010	58.000,00	
14	Skripten	K	TLN	4015	38.000,00	
15			**TLN Ergebnis**		96.000,00	0,00
16		**K Ergebnis**			149.001,00	26.206,00
17	Referentenho	Q	BÜR	1010		5.777,00
18	Skripten	Q	BÜR	1010	13.500,00	

An diesem Beispiel sehen Sie recht gut das Wesen der sog. **Satzgruppenverarbeitung**, ein uraltes Element der klassischen Datenverarbeitung. Datensätze (das sind die Zeilen in der Listentabelle) haben ein gemeinsames Kennzeichen, hier z.B. das „K" und „Q" in der Spalte „Zahler" oder die Budgetkürzel (BÜR, HON usw) in der Spalte „Art". Für dieses Beispiel wurde die Tabelle eigens sortiert (da EXCEL keine Indexfunktion besitzt). Erstes Sortierkriterium ist die Spalte „Zahler" und das zweite die Spalte „Art". Damit stehen alle Zeilen mit dem gleichen „Zahler" untereinander, was zwei große Gruppen („K" und „Q") ergibt. Und innerhalb einer jeder dieser beiden Gruppen stehen alle Zeilen mit der gleichen „Art" untereinander, was eine Feinteilung in bis zu vier Untergruppen ergeben kann.

EXCEL arbeitet nun die Datensätze der Reihe nach von oben nach unten ab, vergleicht, ob sich von einem zum anderen Satz die Inhalte der beiden Spalten verändern. Wenn ja („**Gruppenwechsel**"), dann erzeugt EXCEL mit der gewählten Funktion das gewünschte Teilergebnis und fügt es ein. Sie erhalten unterschiedliche Ergebnisse, wenn Sie die gleichen Teilergebnisse (z.B. Summe über „Art") einmal erzeugen lassen, wenn die Tabelle nach dieser Spalte und das andere Mal nach einer beliebigen anderen sortiert wurde.

Dieses Prinzip liegt auch der Pivot-Tabelle zugrunde.

106 Verknüpfen von Daten

Sie haben zwei Listentabellen mit laufend gebrauchten Stammdaten gefüllt. Daraus wollen Sie gezielt Daten entnehmen und in eine dritte Tabelle einsetzen. EXCEL soll Sie dafür mit der Listenfunktion, SVERWEIS() und Maske unterstützen.

Die erste Listentabelle enthält z. B. Waren und die zweite die Lieferanten; ein Feld im Datensatz „Ware“ verweist (über eine eindeutige Nummer in der ersten Listenspalte) auf den Lieferanten. Die dritte Tabelle sei ein Bestellschein, den Sie durch einfache Eingabe der Warennummer in die Datenmaske schreiben. Im Beispiel sind die drei Tabellen in einer Arbeitsmappe zusammengefaßt sein („REL-DB.xlw“).

[REL-DB.XLW]WAREN.XLS

	A	B	C	D
8	WAnummer	LInummer	WAtext	WApreis
9	1	4	Ware 4/1	100,00
10	2	1	Ware 1/2	120,00
11	3	2	Ware 2/3	220,00
12	4	3	Ware 3/4	240,00
13	5	1	Ware 1/5	150,00

Legen Sie sich in der Tabelle „Bestellung“ einen Listenbereich an; die erste Zeile enthält die Feldnamen. Sie können diese Zeile auch ausblenden, sollte sie nicht in Ihre Gestaltung passen. Geben Sie in der zweiten Zeile (= erster Datensatz) in alle Spalten mit Ausnahme jener für die Artikelnummer die Verweisformeln ein. (1) Der Verweis auf die Tabelle „Waren“: =SVERWEIS ($A6; '[REL-DB.XLW] WAREN.XLS'!Datenbank; 3); und (2) der Verweis auf die Tabelle „Lieferer“ über die Tabelle „Waren“ =SVERWEIS (SVERWEIS ($A6; '[REL-DB.XLW] WAREN.XLS'! Datenbank; 2); '[REL-DB.XLW] LIEFERER.XLS'! Datenbank; 2) (zweistufiger Verweis).

	A	B	C
8	LInummer	LIname	LIort
9	1	Lieferant 1	Innsbruck
10	2	Lieferant 2	Hall iT
11	3	Lieferant 3	Wien
12	4	Lieferant 4	Seefeld

Das Beispiel verwendet die Funktion SVERWEIS(). Suchbegriff ist einmal die in der Spalte A eingegebene Warennummer und das zweite Mal die aus der Tabelle „Waren“ ermittelte Lieferantennummer. SVERWEIS() sucht damit jeweils in der ersten Spalte der Tabellen „Waren“ und „Lieferant“.

Der dritte Parameter ist die Information, in der wievielten Spalte des entsprechenden Bereichs „Datenbank“ der gesuchte Wert steht. Im vorliegenden Fall finden Sie den Lieferanten mit der Lieferantennummer aus der Tabelle „Waren“; daher die zweistufige Suche (geschachteltes SVERWEIS()). Das folgende Bild zeigt die erstellte Liste und rechts die Eingabemaske mit dem einzigen Eingabefeld „Waren-Nummer“.

	A	B	C	D	E
4	BESTELL-LISTE				
5	Waren-Nummer	Ware	Preis	Lieferant	L.-Ort
6	5	Ware 1/5	150,00	Lieferant 1	Innsbruck
7	6	Ware 3/6	360,00	Lieferant 3	Wien
8	1	Ware 4/1	100,00	Lieferant 4	Seefeld
9	12	#NV	#NV	#NV	#NV
10	0	#NV	#NV	#NV	#NV

[REL-DB.XLW]Be

Waren-Nummer:	5
Ware:	Ware 1/5
Preis:	150,00
Lieferant:	Lieferant 1
L.-Ort:	Innsbruck
Hilfsfeld:	5

Änderungen in einer der Stammdatentabellen „Waren“ oder „Lieferant“ wirken sich sofort auf die Daten in „Bestellung“ aus.

Vorsicht **Falle**: Wenn SVERWEIS() erfolglos sucht, kommt als Ergebnis der zum Suchbegriff <u>nächstkleinere</u> Wert zurück. Das führt ohne Warnung zu einem falschen Ergebnis. Ein Suchbegriff kleiner als der kleinste Wert im Suchbereich (hier: die erste Spalte) liefert den Fehlerwert **#NV**. Sie können mit folgender **Erweiterung** der Tabelle „Bestellung“ die Richtigkeit der Warennummer prüfen: Die Funktion DBMAX() ermittelt die höchste Artikelnummer. Legen Sie eine Hilfsspalte (unten: Spalte F) mit der Prüfformel „=WENN (UND (0<$A6; $A6 <= $F$3); $A6; NV())“ an. Liegt die Artikelnummer außerhalb des Erlaubten, dann erscheint die Fehlermeldung **#NV**.

	F	G
5	*Hilfs-feld*	<== Datenbankbereich
6	5	<== =WENN(UND(0<$A6;$A6<=$F$3);$A6;NV())
7	6	

107 Die Verweistabelle

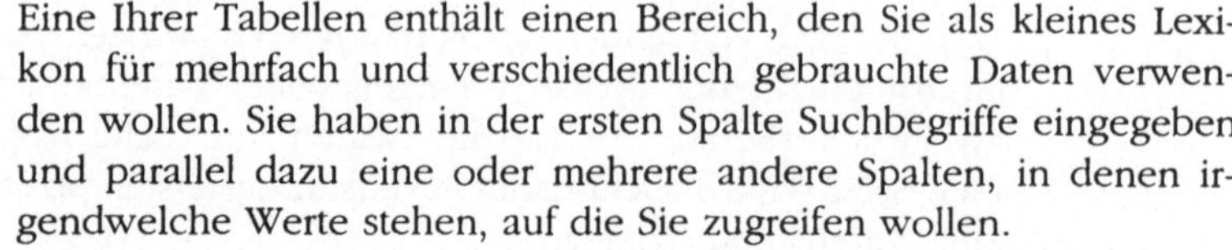

Eine Ihrer Tabellen enthält einen Bereich, den Sie als kleines Lexikon für mehrfach und verschiedentlich gebrauchte Daten verwenden wollen. Sie haben in der ersten Spalte Suchbegriffe eingegeben und parallel dazu eine oder mehrere andere Spalten, in denen irgendwelche Werte stehen, auf die Sie zugreifen wollen.

EXCEL stellt für die komfortable Einrichtung der Verweistabelle eine Reihe von Funktionen zur Verfügung, insbesonders INDEX(), VERWEIS() und VERGLEICH().

Aufbau der Verweistabelle: Spalte 1 enthält den Suchbereich. Der Inhalt der Werte im Suchbereich muß aufsteigend geordnet sein. Die übrigen Spalten auf gleicher Höhe rechts daneben enthalten die Ergebniswerte, die den Werten im Suchbereich zugeordnet sind.

Zugriff auf die Verweistabelle: In der Zelle, in die EXCEL einen Wert aus der Verweistabelle einfüllen soll, steht die Formel „**=VERWEIS (Suchkriterium; Suchvektor; Ergebnisvektor)**“. Lies: „Suche mit dem 'Suchkriterium' im 'Suchvektor' (das ist der Suchbereich); war die Suche erfolgreich, dann liegt das Ergebnis auf der Höhe der gefundenen Zeile im 'Ergebnisvektor'.“

D4 | =(B4="J")*C4*VERWEIS(A4;Bezeichnung;Wert)

	A	B	C	D	E	F	G
1		**Berechnung**				**Verweistabelle**	
2	Bezeichnung	trifft zu J/N	Menge	Wert		Bezeichnung	Wert
3	Typ eins	J	2	90.000		Typ drei	63.000
4	Zusatz A	N	1	0		Typ eins	45.000
5	Zusatz C	J	3	6.600		Typ zwei	56.000
6	Typ drei	J	2	126.000		Zusatz A	4.500
7	Zusatz B	J	4	21.200		Zusatz B	5.300
8	Zusatz C	J	4	8.800		Zusatz C	2.200
9							

Das Beispiel zeigt, wie die Werte in der Spalte D mit Hilfe der Formel „= (B4="J") * C4 * VERWEIS (A4; Bezeichnung; Wert)" berechnet werden. Mit „Bezeichnung" sind die Zellen F3 bis F8 und mit „Wert" die Zellen G3 bis G8 in der Verweistabelle rechts benannt. Eine zusätzliche Steuerung ergibt sich noch aus dem Eintrag von „J" oder „N" in der Spalte B.

Komplexe und nicht mehr auf einen Blick durchschaubare Rechenblätter erfordern Hilfsmittel besonders beim Entwickeln und Testen der Formeln. Daher ist es sinnvoll, rechts neben der letzten Spalte - getrennt durch einen Seitenumbruch - die zusammengesetzten Formeln in Schritte zu teilen, so daß die Ergebnisse leicht kontrollierbar sind. Ein Rechenblatt kann rasch zu einem verwirrenden Zahlenfriedhof werden - daher sind Prüfpunkte und Kontrollwerte sehr wichtig!

Überlegen Sie, ein eigenes Rechenblatt nur mit den Verweistabellen einzurichten und mit externen Bezügen zuzugreifen. Dies beeinträchtigt Übersicht und Handhabung keineswegs. Der Vorteil: Wenn Sie auf diese Verweistabellen von mehreren Rechenblättern aus zugreifen wollen, so ist diese Datenorganisation besser. Die Referenzdaten sind in einer neutralen Datei gespeichert. (Vgl. dazu das relationale Konzept von Datenbanken wie ORACLE.)

108 Listentabelle: Der Zielbereich (Ausgabebereich)

Sie haben eine Listen-Tabelle aufgebaut und durch die Suchkriterien Ihre Auswahl getroffen. EXCEL soll die Suchergebnisse an eine andere Stelle in der Tabelle kopieren.

Der **Zielbereich** ist sozusagen das Spiegelbild des Listen- (Datenbank-) Bereichs; er nimmt die ausgewählten Datensätze auf. Sein Aufbau ist: **erste Zeile** enthält alle oder einzelne Feldnamen (= Spaltenüberschriften) in beliebiger Reihenfolge. Darunter sind die **Zeilen 2 und folgende** für das Suchergebnis. Klicken Sie im Dialogfenster „Spezialfilter“ die zweite Option an wie im Bild gezeigt, damit das das Eingabefeld „Ausgabenbereich“ zugänglich wird. Sobald Sie dort den Bezug des Zielbereichs eintragen, definiert EXCEL selbsttätig den Namen „**Zielbereich**“. EXCEL trägt beim nächsten Aufruf den zugeordneten Bezug in das genannte Eingabefeld ein, den Sie jederzeit durch Markieren neu definieren können.

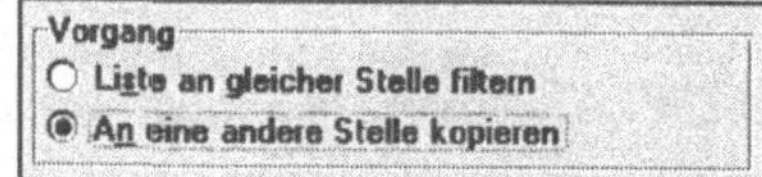

Überlauf des Zielbereichs: Wurde er zu klein definiert, so gibt EXCEL die Meldung „**Zielbereich ist nicht groß genug, um alle Zeilen einzufügen. Trotzdem weiter?**“ aus. Wenn Sie mit „JA“ bestätigen, erweitert EXCEL diesen Bereich selbsttätigund überschreibt allenfalls gefüllte Zellen. Daher:

Tip 1: Markieren Sie als Zielbereich nur die Feldnamen. EXCEL füllt die die erforderliche Anzahl von darunterliegenden Zeilen ohne weitere Rückfrage.

Tip 2: Da hier die Gefahr besteht, sich Zellinhalte zu zerstören, sollten Sie sich den Zielbereich nach Möglichkeit rechts neben der letzten Spalte der Listentabelle (Datenbank) einrichten (eine leere Spalte als Trennung vorsehen!). Sollte kein Platz verfügbar sein, so müssen Sie die „Liste an gleicher Stelle filtern“ und das Ergebnis in eine andere Tabelle kopieren.

Wichtig: Bezeichnen Sie jenes Blatt Ihrer Arbeitsmappe, die die Listentabelle enthält, nicht mit dem reservierten Namen „Datenbank“. da dies bei der Filterung zu Problemen führen kann.

ANHANG: neue Tastaturkombinationen

Neu in Excel 5 sind einige Tastaturkombinationen, um dadurch Übereinstimmung mit **Word** zu erreichen. Die folgende Auflistung zeigt die Änderungen von Excel 4 zu Excel 5.

Tastenkombination	**Funktion**
S + a	Alles markieren
S + p	Drucken
S + h	Ersetzen
$	Letzte Aktion wiederholen
H + $	Nächsten finden
S + T	Nächstes Fenster
S + n	Neue Arbeitsmappe öffnen
S + o	Öffnen
/	Rechtschreibprüfung
S + s	Speichern
S + f	Suchen
S + H + $	Vorherigen finden
S + H + T	Vorheriges Fenster
S + U	Zum nächsten Blatt in einer Arbeitsmappe gehen
S + O	Zum vorherigen Blatt in einer Arbeitsmappe gehen

Die übrigen Tastenkombinationen entnehmen Sie bitte der Tastaturschablone, die dem Originalprodukt beiliegt.

Anhang: Was alles hinter einer Zelle steckt ...

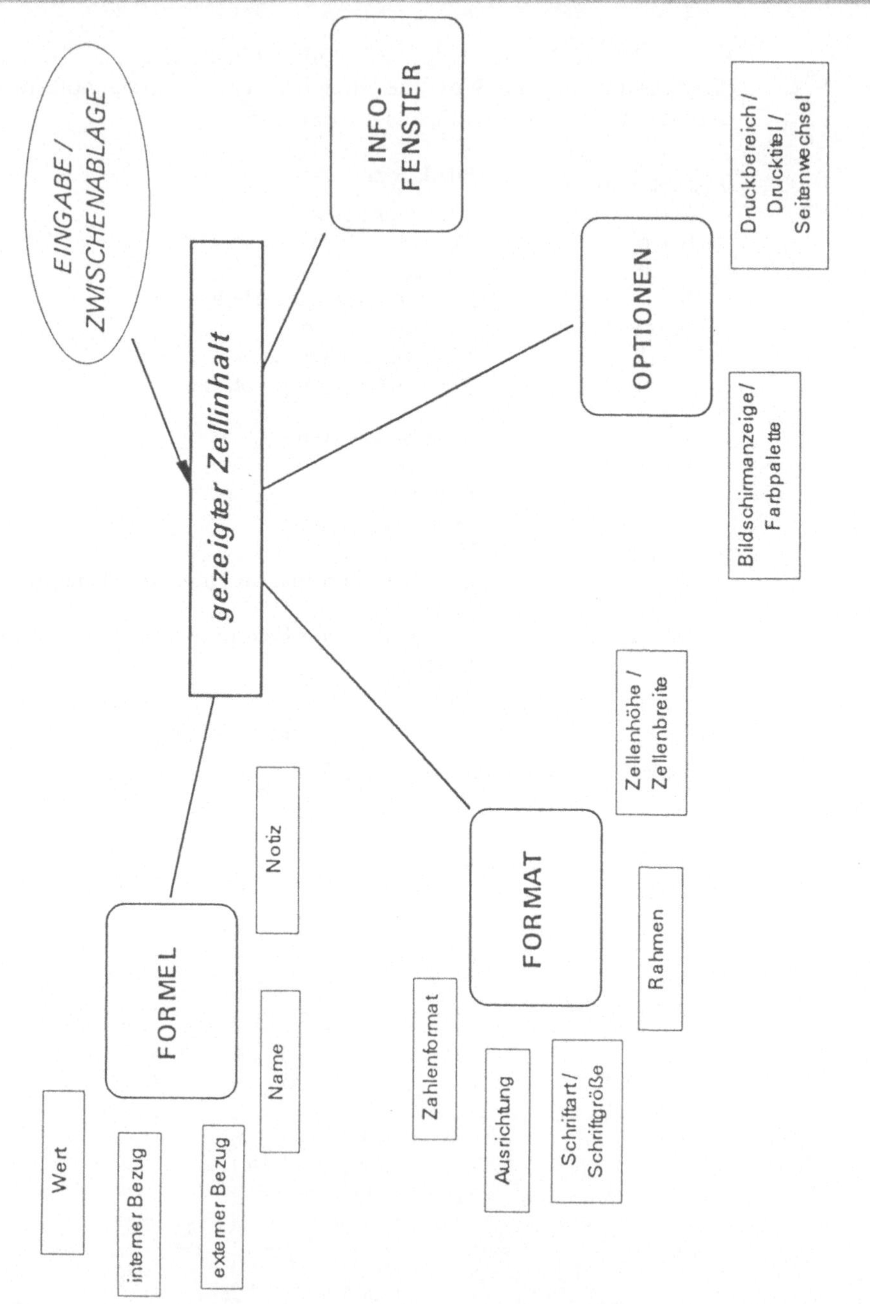

Anhang: Hat EXCEL eine "Datenbank"?

Sie verfügen über eine größere Menge von Daten, die Sie strukturiert verwalten und bearbeiten wollen. In den EXCEL-Handbüchern wird zwar oft der Ausdruck "Datenbank" verwendet, jedoch was können Sie sich davon erwarten?

Ganz allgemein ist eine "Datenbank" eine Sammlung von gespeicherten Daten, die von Anwendungssystemen für bestimmte Zwecke benützt werden. Daten werden aber rasch zum wertlosen Datenfriedhof, wenn keine durchdachte Struktur dahintersteht oder der Zugriff nicht in sicheren, geregelten Bahnen verläuft. Verkürzt dargestellt will eine Datenbank zwei Hauptziele gewährleisten: Datensicherheit in jeder Beziehung und einen bestmöglichen Zugang zu den Daten. Derzeit kommen relationale Systeme ("RDBMS"2) diesen Zielen sehr nahe.

Eine Struktur entsteht durch sogenannte "Datenobjekte" (z. B. Kunden, Waren, Fakturen), die im ganzen System einmalig sind. Ein solches Objekt ist in einer Tabelle abgelegt. Idealerweise soll ein Datenwert nur einmal gespeichert werden. Der Anwender gewinnt eine gewünschte Information durch Suchen in den Tabellen und durch Zusammenführen der gefundenen Einzeldaten.

Mit EXCEL kann man Tabellen bearbeiten, und die Handbücher verwenden den Begriff "Datenbank". Das weckt zwar Vorstellungen in der oben geschilderten Richtung, erfüllt diese Erwartungen aber bei weitem nicht. Für eine echte relationale Datenbank gelten strenge Grundgesetze:

Das **Zusammenstimmen** der Daten in einer Datenbank ("Integrität") muß stets gewahrt sein. Andernfalls kann es zu unsinnigen oder falschen Ergebnissen oder undefinierten Zuständen kommen. Jeder Datensatz in jeder Tabelle hat genau einen Haupt-Schlüsselbegriff ("Primär-Schlüssel", z.B. Kundennummer), der im gesamten System eindeutig und nie leer ist ("Entity-Integrität"). Kein Verweis auf einen Primärschlüssel darf ins Leere gehen (z. B. Fakturensätze haben eine ungültige Kundennummer; "Referenz-integrität").

Anhang: Hat EXCEL eine „Datenbank“? (Fortsetzung)

Eine Massendatenhaltung, Sicherheitserfordernisse und eine bereits etwas anspruchsvollere Datenverarbeitung überfordern die Möglichkeiten, die Ihnen EXCEL bietet. Wichtig ist es, die Grenzen zu erkennen: EXCEL ist oder enthält kein Datenbanksystem im oben beschriebenen Sinne! Insofern ist das Modewort "Datenbank" unscharf und irreführend.

Natürlich können Sie durch aufwendige Makro-Programmierung gewisse Grundelemente eines relationalen Systems nachbilden. Gerade im Bereich "Sicherheit" müssen Sie sich einiges an jener Infrastruktur selber schaffen, die Ihnen ein System wie ORACLE ausgereift von sich aus bietet: Zugangskontrolle; rasches Suchen (EXCEL sucht langsam sequentiell statt binär oder baumförmig); Eingabekontrolle direkt im Eingabefeld, und hier besonders die Prüfung auf nicht-leere Schlüsselfelder; Einschränkungen von Lese- und Schreibzugriffen und auch auf Tabellenteile bis zur einzelnen Zelle usw.

In nicht wenigen Fällen ist es effizienter und wirtschaftlicher, sich Daten aus einem Datenbanksystem zusammenstellen zu lassen, um diese Auswahl dann in EXCEL auszuwerten.

ANHANG: Änderungen von Tabellenbefehlen

Mit der Version 5.0 wurden eine Reihe von Änderungen in den Tabellenbefehlen vorgenommen, z.T. auch bei gleichgebliebener Funktionalität. Zur besseren Orientierung beim Umsteigen von der Version 4 auf 5 hier eine Übersicht.

Diese Liste enthält sämtliche Befehle der Version 4.0, deren Name oder Position geändert bzw. deren Funktionalität in Version 5.0 auf andere Befehle übertragen wurde.

Version 4.0	Version 5.0
Menü "Datei"	
Verknüpfte Dateien öffn.	Verknüpfungen (Menü Bearbeiten)
Arbeitsmappe speichern	Speichern (Menü Datei)
Datei löschen	Datei-Manager (Menü Datei)
Nachricht senden	Senden (Menü Datei) Verteiler erstellen und Verteiler bearbeiten (Menü Datei)
Menü "Bearbeiten"	
Verknüpfung einfügen	Inhalte einfügen (Menü Bearbeiten für Tabellen)
Zellen einfügen	Zellen (Menü Einfügen) Zeilen (Menü Einfügen) Spalten (Menü Einfügen)
Objekt einfügen	Objekt (Menü Einfügen)
Rechts ausfüllen	Rechts (Menü Bearbeiten, Untermenü Ausfüllen)
Unten ausfüllen	Unten (Menü Bearbeiten, Untermenü Ausfüllen)

Menü "Formel"	
Namen einfügen	Einfügen (Menü Einfügen, Untermenü Namen)
Funktion einfügen	Funktion (Menü Einfügen)
Namen festlegen	Namensfeld Festlegen (Menü Einfügen, Untermenü Namen)
Namen übernehmen	Übernehmen (Menü Einfügen, Untermenü Namen)
Namen anwenden	Anwenden (Menü Einfügen, Untermenü Namen)
Notiz	Notiz (Menü Einfügen)
Gehe zu	Gehe zu (Menü Bearbeiten)
Suchen	Suchen (Menü Bearbeiten)
Ersetzen	Ersetzen (Menü Bearbeiten)
Inhalte auswählen	Dialogfeld Inhalte auswählen Gehe Zu (Menü Bearbeiten)
Aktive Zelle zeigen	Blättern in einem Arbeitsmappenfenster
Gliederung	Gliederung (Menü Daten)
Zielwertsuche	Zielwertsuche (Menü Extras)
Szenario-Manager	Szenario-Manager (Menü Extras)
Solver	Solver (Menü Extras)
Menü "Format"	
Zahlenformat	Zahlen, Befehl Zellen (Menü Format)
Ausrichtung	Ausrichtung, Befehl Zellen (Menü Format)
Schriftart	Schriftart, Befehl Zellen (Menü Format)
Rahmen	Rahmen, Befehl Zellen (Menü Format)
Muster	Muster, Befehl Zellen (Menü Format)
Zellschutz	Schutz, Befehl Zellen (Menü Format)
Zeilenhöhe	Zeile (Menü Format)
Spaltenbreite	Spalte (Menü Format)
Bündig anordnen	Bündig anordnen (Menü Bearbeiten, Untermenü Ausfüllen)
In den Vordergrund	Objekteigenschaften (Menü Format)
In den Hintergrund	Objekteigenschaften (Menü Format)
Gruppieren	Objekteigenschaften (Menü Format)
Objekteigenschaften	Objekt (Menü Format)

Menü "Daten"

Suchen	Filter (Menü Daten) AutoFilter (Menü Daten, U.-Menü Filter) Spezialfilter (Menü Daten, U.-M. Filter)
Suchen und kopieren	Spezialfilter (Menü Daten, U.-M. Filter)
Löschen	Zellen löschen (Menü Bearbeiten)
Datenbank festlegen	Nicht mehr erforderlich.
Suchkriterien festlegen	Spezialfilter (Menü Daten, U.-M. Filter)
Zielbereich festlegen	Spezialfilter (Menü Daten, U.-M Filter)
Reihe berechnen	Reihen (Menü Bearbeiten, Untermenü Ausfüllen)
Analyse	Text in Spalten (Menü Daten)
Kreuztabelle	Pivot-Tabelle (Menü Daten)

Menü "Optionen"

Druckbereich festlegen	Blattregister, Befehl Seite einrichten (Menü Datei)
Drucktitel festlegen	Blattregister, Befehl Seite einrichten (Menü Datei)
Seitenwechsel festlegen	Seitenwechsel und Seitenwechsel aufheben (Menü Einfügen)
Bildschirmanzeige	Ansicht, Befehl Optionen (Menü Extras)
Symbolleisten	Symbolleisten (Menü Ansicht)
Farbpalette	Farbe, Befehl Optionen (Menü Extras)
Datei schützen	Arbeitsmappe und Arbeitsmappenschutz aufheben (Menü Extras, Untermenü Dokument schützen) Blatt und Blattschutz aufheben (Menü Extras, Untermenü Dokument schützen)
Berechnen	Berechnen, Befehl Optionen (Menü Extras)
Arbeitsbereich	Optionen (Menü Extras)
Add-In-Manager	Add-In-Manager (Menü Extras)
Rechtschreibung	Rechtschreibung (Menü Extras)
Gruppe bearbeiten	Übersicht über das Auswählen von Blättern in einer Arbeitsmappe
Analysieren von Daten	Datenanalyse (Menü Extras)

Menü "Makro"	
Ausführen	Makro (Menü Extras)
Aufzeichnung beginnen	Aufzeichnen (Menü Extras, Untermenü Makro aufzeichnen)
Aufzeichnung ausführen	Ab Position aufzeichnen (Menü Extras, Untermenü Makro aufzeichnen)
Aufzeichnung festlegen	Position festlegen (Menü Extras, Untermenü Makro aufzeichnen)
Relative Aufzeichnung	Relative Aufzeichnung (Menü Extras, Untermenü Makro aufzeichnen)
Objekt zuweisen	Zuweisen (Menü Extras)
Weiter ausführen	Weiter (Menü Ausführen) Schaltfläche für Makro fortsetzen

Menü "Fenster"	
Ansichten	Ansichten-Manager (Menü Ansicht)
Zoom	Zoom (Menü Ansicht)

Menü "?"	
Suchen	Suchen (Menü Hilfe)
Produktunterstützung	Software Service (Menü Hilfe)
Einführung	Kurzübersicht (Menü Hilfe)
Lernprogramm	Beispiele und Demos (Menü Hilfe)

ANHANG: Änderungen von Diagrammbefehlen

Diese Liste enthält sämtliche Befehle der Version 4.0, deren Name oder Position geändert bzw. deren Funktionalität in Version 5.0 auf andere Befehle übertragen wurde.

Menü "Datei"

Verknüpfte Dateien öffnen	Verknüpfungen (Menü Bearbeiten)
Arbeitsmappe speichern	Speichern (Menü Datei)
Datei löschen	Datei-Manager (Menü Datei)

Alle Befehle im **Menü Muster** in Version 4.0 wurden in Version 5.0 durch den Befehl ***AutoFormat*** (Menü Format für Diagramme) ersetzt. Informationen zum Ändern nur des Diagrammtyps finden Sie unter dem Befehl Diagrammtyp (Menü Format).

Menü "Diagramm"

Text zuordnen	Titel (Menü Einfügen) Datenbeschriftungen (Menü Einfügen)
Pfeil einfügen	Übersicht über das Zeichnen von Linien, Pfeilen und Figuren
Legende einfügen	Legende (Menü Einfügen)
Achsen	Achsen (Menü Einfügen)
Gitternetzlinien	Gitternetzlinien (Menü Einfügen)
Überlagerung einfügen	Diagrammtyp (Menü Format)
Datenreihen bearbeiten	X-Werte, Befehl Markierte Datenreihen (Menü Format) Name und Werte, Befehl Markierte Datenreihen (Menü Format) Datenreihen anordnen, Befehl [Diagrammtyp] -Gruppe (Menü Format)
Diagramm auswählen	Übersicht über das Aktivieren eines Diagramms und das Auswählen von Diagrammelementen
Diagrammfläche auswählen	Übersicht über das Aktivieren eines Diagramms und das Auswählen von Diagrammelementen

Dokument schützen	Arbeitsmappe und Arbeitsmappenschutz aufheben (Menü Extras, Untermenü Dokument schützen) Blatt und Blattschutz aufheben (Menü Extras, Untermenü Dokument schützen)
Farbpalette	Farbe, Befehl Optionen (Menü Extras)
Neu berechnen	Schaltfläche für Neu berechnen
Rechtschreibung	Rechtschreibung (Menü Extras)
Menü "Format"	
Muster	Muster, Befehl Markiertes [Diagrammelement] (Menü Format)
Schriftart	Schriftart, Befehl Markiertes [Diagrammelement] (Menü Format)
Text	Ausrichtung, Befehl Markiertes [Diagrammelement] (Menü Format)
Skalierung	Rubriken (X)-Achsenskalierung (für 2D-Diagramme) Rubriken (X)-Achsenskalierung (für 3D-Diagramme) Größen (Y)-Achsenskalierung (für 2D-Diagramme) Größen (Y)-Achsenskalierung (für Netzdiagramme) Größen (Y)-Achsenskalierung (für Punkt (XY)-Diagramme) Größen (Z)-Achsenskalierung (für 3D-Diagramme) Datenreihen (Y)-Achsenskalierung (für 3D-Diagramme)
Legende	Anordnung, Befehl Markierte Legende (Menü Format)
Hauptdiagramm und Überlagerung	Diagrammtyp (Menü Format) Optionen, Befehl [Diagrammtyp] - Gruppe (Menü Format) Varianten, Befehl [Diagrammtyp] - Gruppe (Menü Format)

Verschieben	Verschieben und Ändern der Größe von Diagrammelementen
Größe ändern	Übersicht über das Ändern der Größe, Verschieben und Kopieren von Grafikobjekten Verschieben und Ändern der Größe von Diagrammelementen
Menü "Makro"	
Ausführen	Starten (Menü Ausführen)
Aufzeichnung beginnen	Aufzeichnen (Menü Extras, Untermenü Makro aufzeichnen)
Aufzeichnung ausführen	Ab Position aufzeichnen (Menü Extras, Untermenü Makro aufzeichnen)
Aufzeichnung festlegen	Position festlegen (Menü Extras, Untermenü Makro aufzeichnen)
Relative Aufzeichnung	Relative Aufzeichnung (Menü Extras, Untermenü Makro aufzeichnen)
Objekt zuweisen	Zuweisen (Menü Extras)
Weiter ausführen	Fortsetzen (Menü Ausführen) Schaltfläche für Makro fortsetzen
Menü "?"	
Suchen	Suchen (Menü Hilfe)
Produktunterstützung	Software Service (Menü Hilfe)
Einführung	Kurzübersicht (Menü Hilfe)
Lernprogramm	Beispiele und Demos (Menü Hilfe)
Systemmenü für Anwendungsfenster	
Ausführen	Entfällt
Systemmenü für Dokumentfenster	
Teilen	Teilen und Teilung aufheben (Menü Fenster)